KB057837

멘사 탐구력 퍼즐

Mensa Riddles and Conundrums

by Robert Allen

IQ 148을 위한

MENSA
멘사 탐구력 퍼즐
PUZZLE

로버트 알렌 지음 | 최가영 옮김
멘사 코리아 감수

보누스

유쾌한 퍼즐로 잠재력을 깨우다

여러분은 이 책을 잡는 순간, 오늘 하루 성가신 일이나 마음을 복잡하게 했던 불만을 순식간에 잊을 것이다. 진수성찬처럼 풍성하게 차려진 갖가지 퍼즐이 당신의 눈과 손, 머리를 사로잡아 몰입하는 기쁨을 맛보게 해줄 테니 말이다. 유쾌하면서도 초특급 수평사고가 필요한 퍼즐들과 씨름하다 보면 TV를 보거나 세차를 하는 일은 뒷전으로 밀려날 것이다.

도형과 숫자, 문자의 배열 속에서 단서를 찾고 숨겨진 규칙을 파악하라. 때로는 기지를 발휘해서 풀거나 재치 있는 퍼즐로 한숨을 돌리며 쉬어 가라. 문제를 도형 · 논리 · 언어 · 공간지각 · 수리의 5개 영역으로 나누어 구성했다. 다양한 퍼즐은 문제 해결, 시각정보 처리 등의 두뇌 영역을 자극해 잠재력을 깨울 것이다.

간결하면서도 개성적인 삽화를 그려준 팀 셀과 영특한 두뇌로 기발한 문제들을 창조해낸 조세핀 풀턴에게 감사의 말을 전한다.

로버트 알렌

영국멘사 출판 부문 대표

내 안에 잠든 천재성을 깨워라

영국에서 시작된 멘사는 1946년 롤랜드 베릴(Roland Berill)과 랜스 웨어 박사(Dr. Lance Ware)가 창립하였다. 멘사를 만들 당시에는 '머리 좋은 사람들'을 모아서 윤리 · 사회 · 교육 문제에 대한 깊이 있는 토의를 진행시켜 국가에 조언할 수 있는, 현재의 헤리티지 재단이나 국가 전략 연구소 같은 '싱크 탱크'(Think Tank)로 발전시킬 계획을 가지고 있었다. 하지만 회원들의 관심사나 성격들이 너무나 다양하여 그런 무겁고 심각한 주제에 집중할 수 없었다.

그로부터 30년이 흘러 멘사는 규모가 커지고 발전하였지만, 멘사 전체를 아우를 수 있는 공통의 관심사는 오히려 퍼즐을 만들고 푸는 일이었다. 1976년 《리더스 다이제스트》라는 잡지가 멘사라는 흥미로운 집단을 발견하고 이들로부터 퍼즐을 제공받아 몇 개월간 연재하였다. 퍼즐 연재는 그 당시까지 2, 3천 명에 불과하던 멘사의 전 세계 회원수를 13만 명 규모로 증폭시킨 계기가 되었다. 비밀에 싸여 있던 신비한 모임이 퍼즐을 좋아하는 사람이라면 누구나 참여할 수 있는 대중적인 집단으로 탈바꿈한 것이다. 물론 퍼즐을 즐기는 것 외에 IQ 상위 2%라는 일정한 기준을 넘어야 멘사 입회가 허락되지만 말이다.

어떤 사람들은 "머리 좋다는 친구들이 기껏 퍼즐이나 풀며 놀고 있다"라고 빈정대기도 하지만, 퍼즐은 순수한 지적 유희로서 충분한 가치가 있다. 퍼즐은 숫자와 기호가 가진 논리적인 연관성을 찾아내는 일종의 암호풀기 놀이다. 겉으로는 별로 상관없어 보이는 것들의 연관 관계와, 그 속에 감추어진 의미를 찾아내는 지적인 보물찾기 놀이가 바로 퍼즐이다. 퍼즐은 아이들에게는 수리와 논리 훈련이 될 수 있고 청소년과 성인에게는 유쾌한 여가활동, 노년층에게는 치매를 예방하는 지적인 건강지킴이 역할을 할 것이다.

시중에는 이런 저런 멘사 퍼즐 책이 많이 나와 있다. 이런 책들의 용도는 스스로 자신에게 멘사다운 특성이 있는지 알아보는 데 있다. 우선 책을 재미로 접근하기 바란다. 멘사 퍼즐은 아주 어렵거나 심각한 문제들이 아니다. 이런 퍼즐을 풀지 못한다고 해서 학습 능력이 떨어진다거나 무능한 것은 더더욱 아니다. 이 책에 재미를 느낀다면 지금까지 자신 안에 잠재된 능력을 눈치 채지 못했을 뿐, 계발하기에 따라 달라지는 무한한 잠재 능력이 숨어 있는 사람일지도 모른다.

아무쪼록 여러분이 이 책을 즐길 수 있으면 좋겠다. 또 숨겨져 있던 자신의 능력을 발견하는 계기가 된다면 더더욱 좋겠다.

멘사코리아 전(前) 회장

지형범

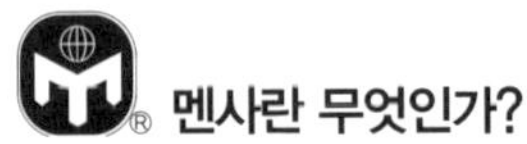

멘사란 무엇인가?

멘사란 '탁자'를 뜻하는 라틴어로, 지능지수 상위 2% 이내(IQ 148 이상)의 사람만 가입할 수 있는 천재들의 모임이다. 1946년 영국에서 창설되어 현재 100여 개국 이상에 14만여 명의 회원이 있다. 멘사코리아는 1998년에 문을 열었다. 멘사의 목적은 다음과 같다.

- 첫째, 인류의 이익을 위해 인간의 지능을 탐구하고 배양한다.
- 둘째, 지능의 본질과 특징, 활용처 연구에 힘쓴다.
- 셋째, 회원들에게 지적·사회적으로 자극이 될 만한 환경을 마련한다.

IQ 점수가 전체 인구의 상위 2%에 해당하는 사람은 누구든 멘사 회원이 될 수 있다. 우리가 찾고 있는 '50명 가운데 한 명'이 혹시 당신은 아닌지?

멘사 회원이 되면 다음과 같은 혜택을 누릴 수 있다.

- 국내외의 네트워크 활동과 친목 활동
- 예술에서 동물학에 이르는 각종 취미 모임
- 매달 발행되는 회원용 잡지와 해당 지역의 소식지
- 게임 경시대회, 친목 도모 등을 위한 지역 모임
- 주말마다 열리는 국내외 모임과 회의
- 지적 자극에 도움이 되는 각종 강의와 세미나
- 여행객을 위한 세계적인 네트워크인 'SIGHT' 이용 가능

멘사에 대한 좀 더 자세한 정보는 멘사코리아의 홈페이지를 참고하기 바란다.

- 홈페이지 : www.mensakorea.org

차례

일러두기

퍼즐마다 하단의 쪽 번호 옆에 해결, 미해결을 표시할 수 있는 작은 칸이 있습니다.
해결한 퍼즐의 개수가 늘어날수록 여러분이 느끼는 지적 쾌감도 커질 테니, 잊지 말고 체크하기 바랍니다.
문제 해결 방법은 이 책에 기재된 내용 외에도 다양한 풀이 과정이 있을 수 있음을 밝혀둡니다.

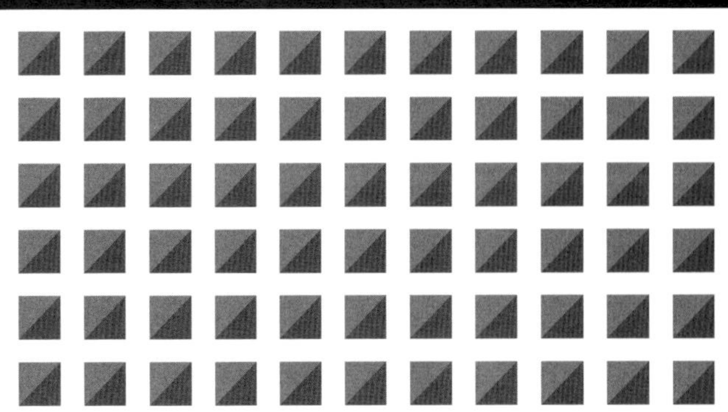

도형 추리

도형과 문자의 배열은 저마다 규칙을 갖고 있다.
끈기를 가지고 숨겨진 규칙을 찾아라!

아래 도형들의 관계를 파악해보자. 빈칸에 알맞은 도형은 무엇일까?

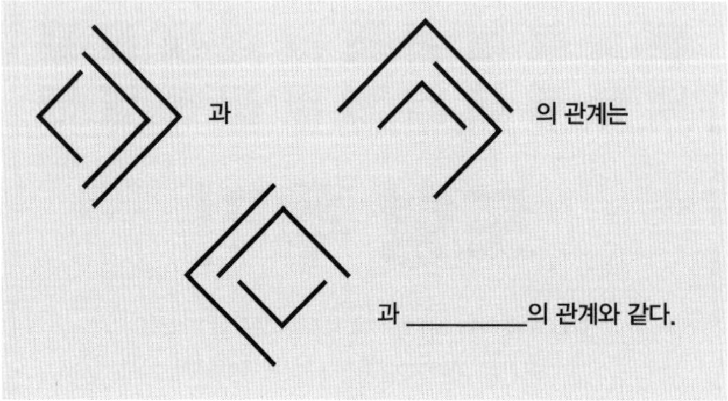

과 의 관계는

과 ________의 관계와 같다.

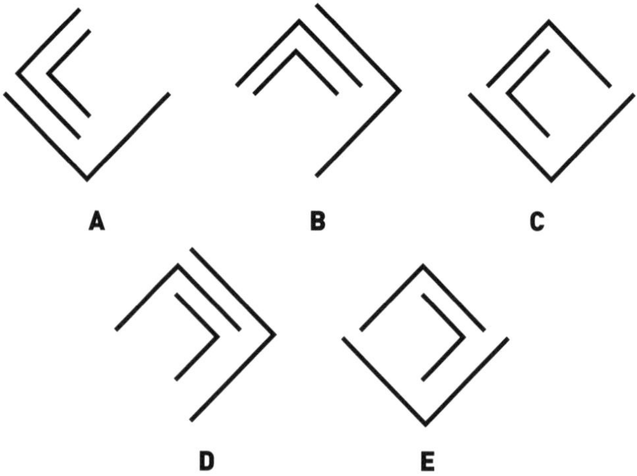

A B C

D E

답: 200쪽

아래 도형들의 관계를 파악해보자. 빈칸에 알맞은 도형은 무엇일까?

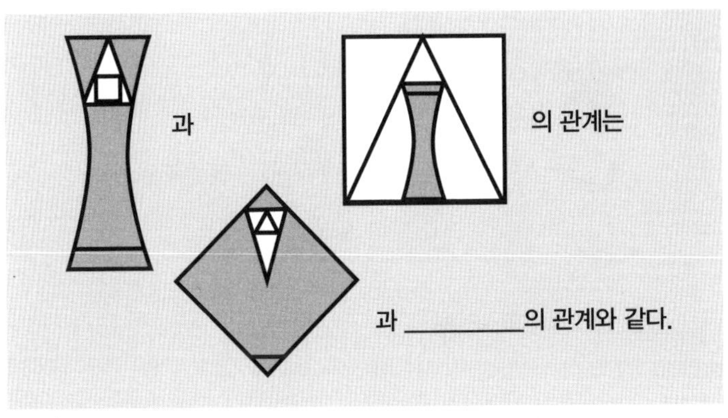

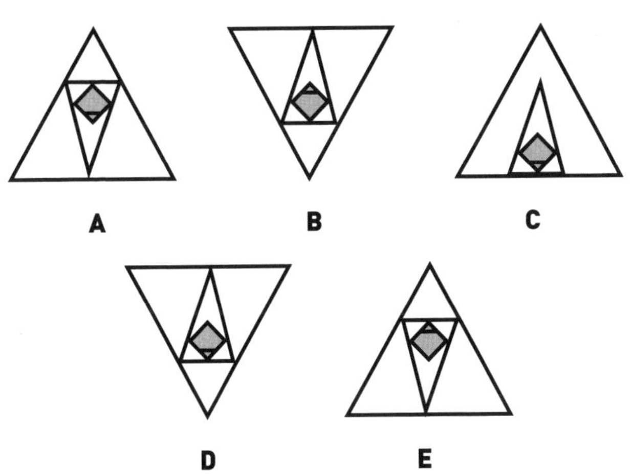

답: 200쪽

아래 도형들의 관계를 파악해보자. 빈칸에 알맞은 도형은 무엇일까?

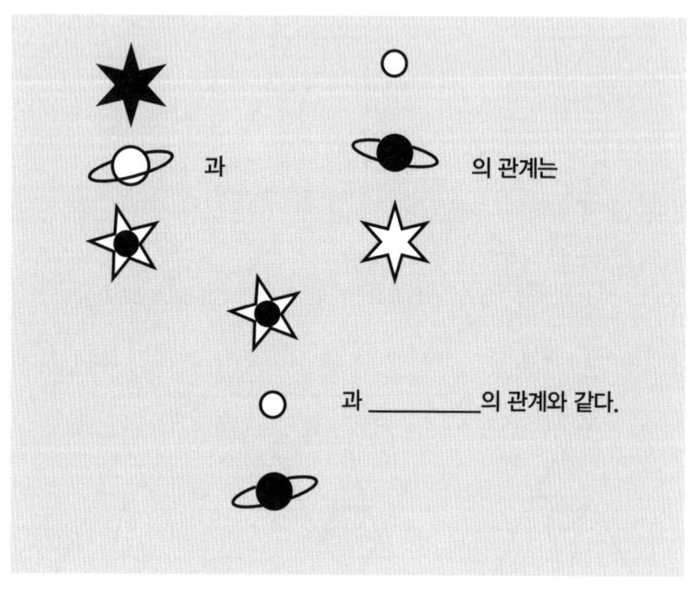

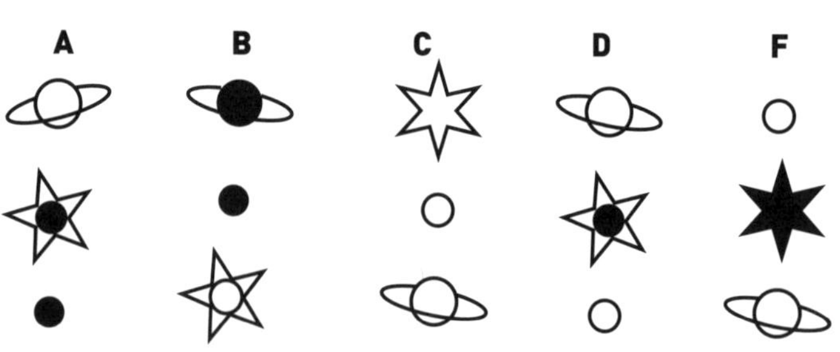

답: 200쪽

아래 도형들의 관계를 파악해보자. 빈칸에 알맞은 도형은 무엇일까?

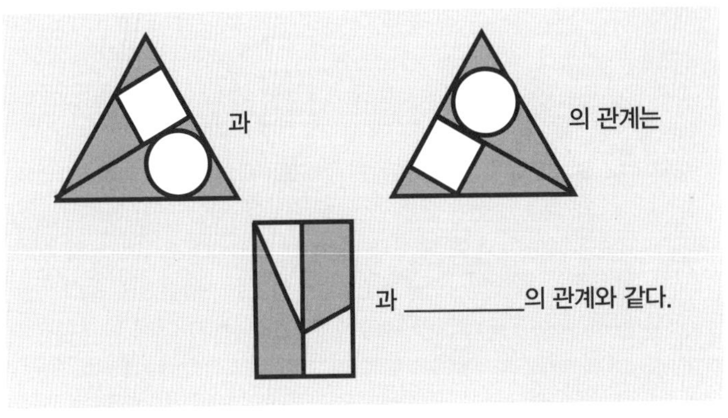

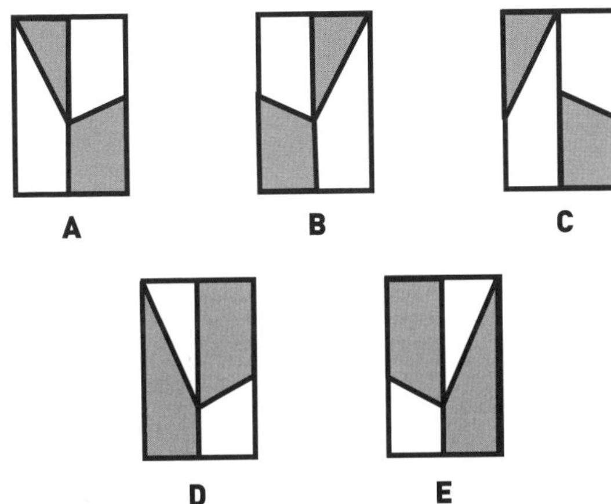

답: 200쪽

아래 도형들의 관계를 파악해보자. 빈칸에 알맞은 도형은 무엇일까?

과  의 관계는

과 ________의 관계와 같다.

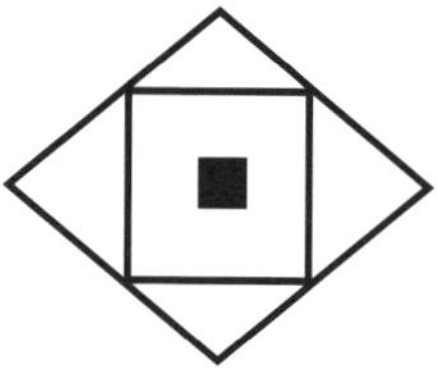

A 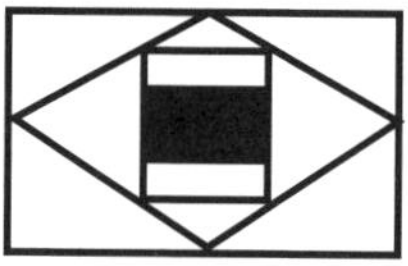 B 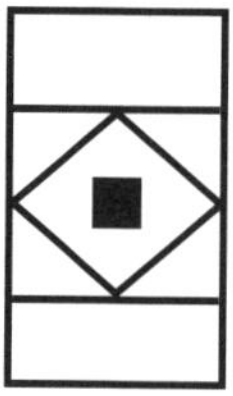 C

D 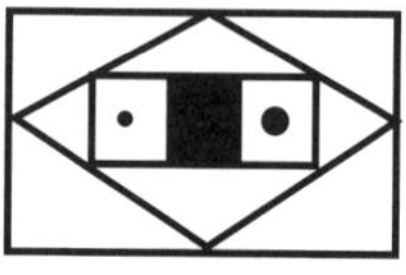 E

답: 200쪽

아래 도형들의 관계를 파악해보자. 빈칸에 알맞은 도형은 무엇일까?

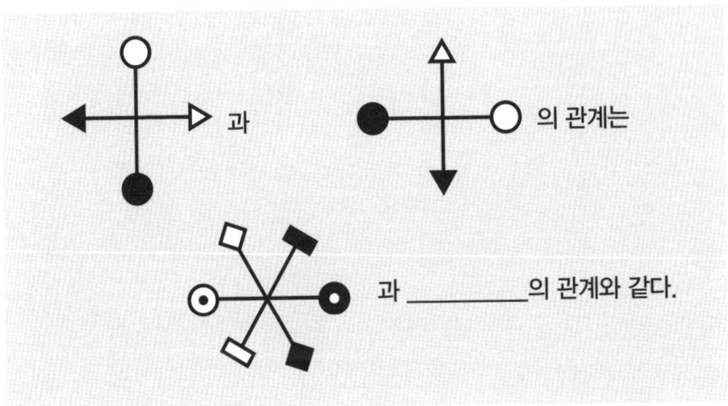

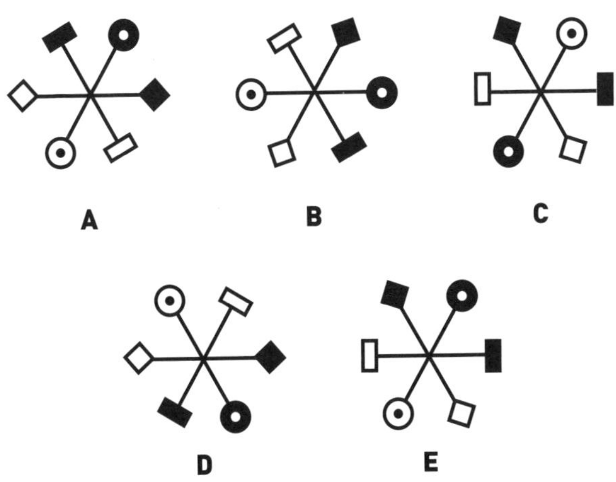

답: 200쪽

아래 도형들의 관계를 파악해보자. 빈칸에 알맞은 도형은 무엇일까?

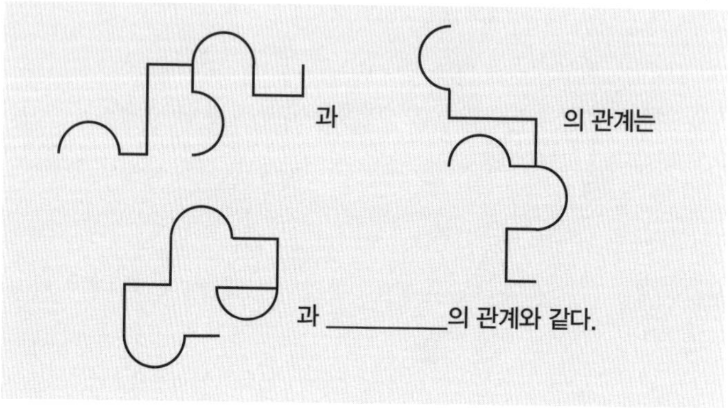

과 의 관계는

과 ________의 관계와 같다.

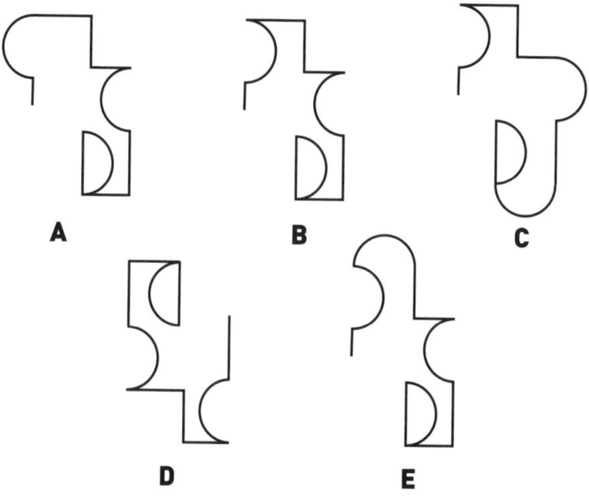

A B C

D E

답: 201쪽

문제 008

아래 도형들의 관계를 파악해보자. 빈칸에 알맞은 도형은 무엇일까?

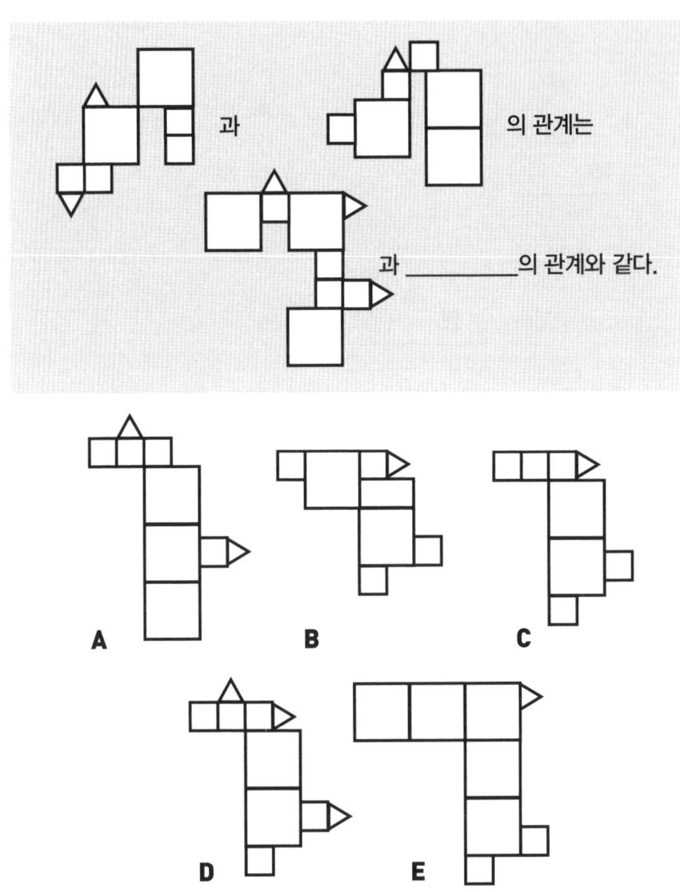

답: 201쪽

아래 도형들의 관계를 파악해보자. 빈칸에 알맞은 도형은 무엇일까?

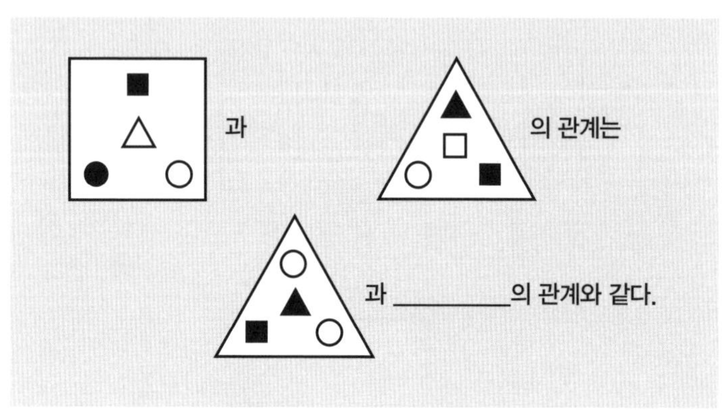

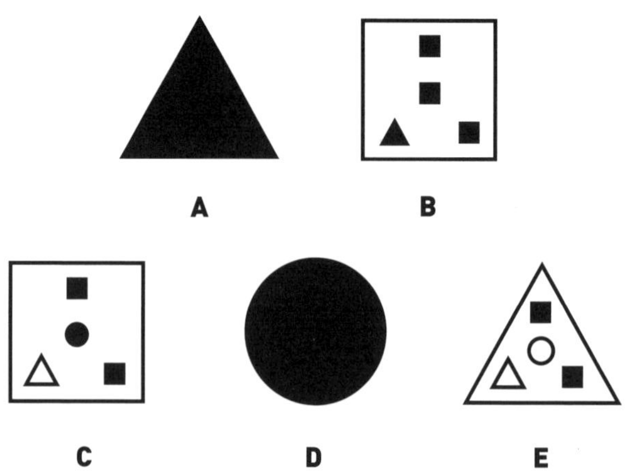

답: 201쪽

아래 도형들의 관계를 파악해보자. 빈칸에 알맞은 도형은 무엇일까?

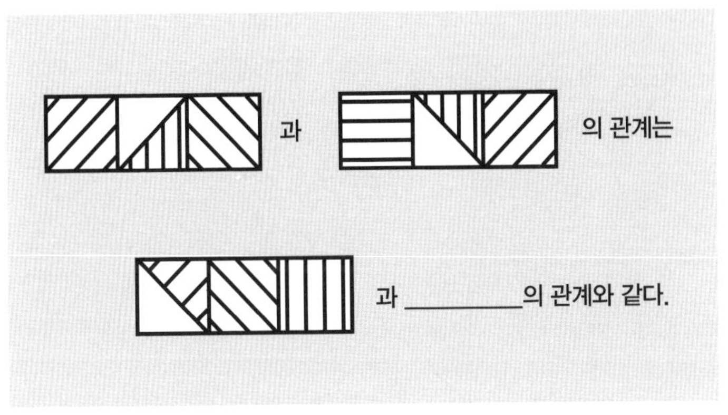

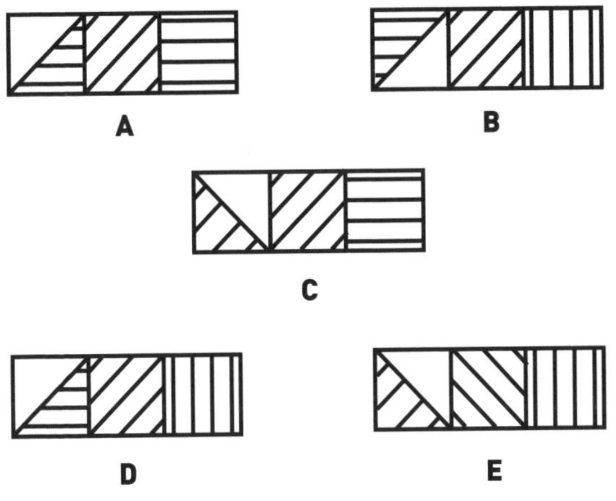

답: 201쪽

아래 도형들의 관계를 파악해보자. 빈칸에 알맞은 도형은 무엇일까?

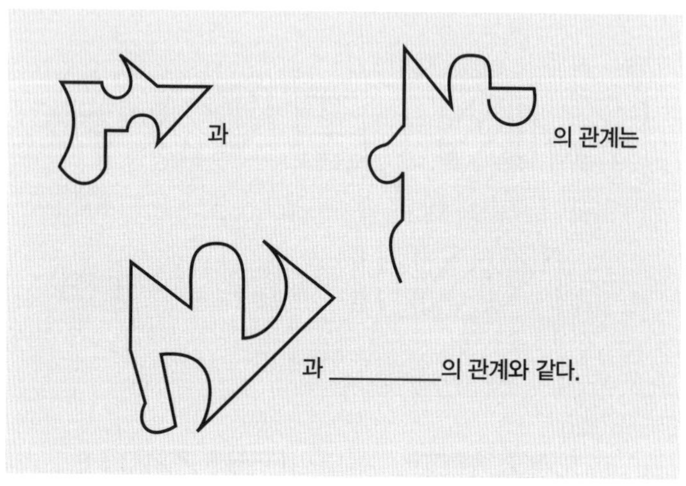

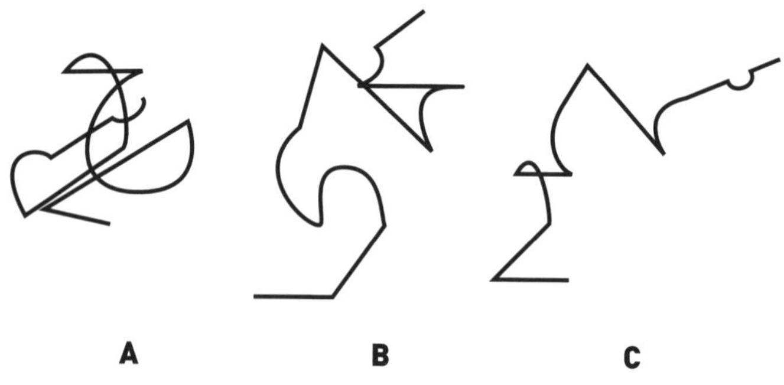

A B C

답: 201쪽

문제
012

아래 문자들의 관계를 파악해보자. 빈칸에 알맞은 문자는 무엇일까?

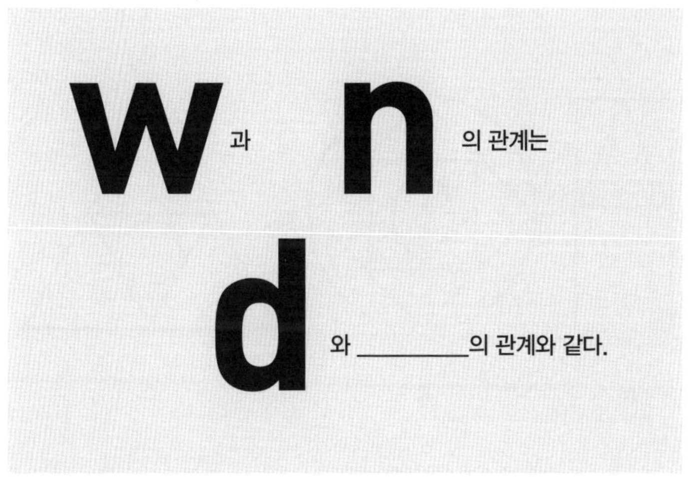

w 과 n 의 관계는
d 와 ________의 관계와 같다.

a h e r o

A B C D E

답: 201쪽

다음 중 나머지와 다른 하나는 무엇일까?

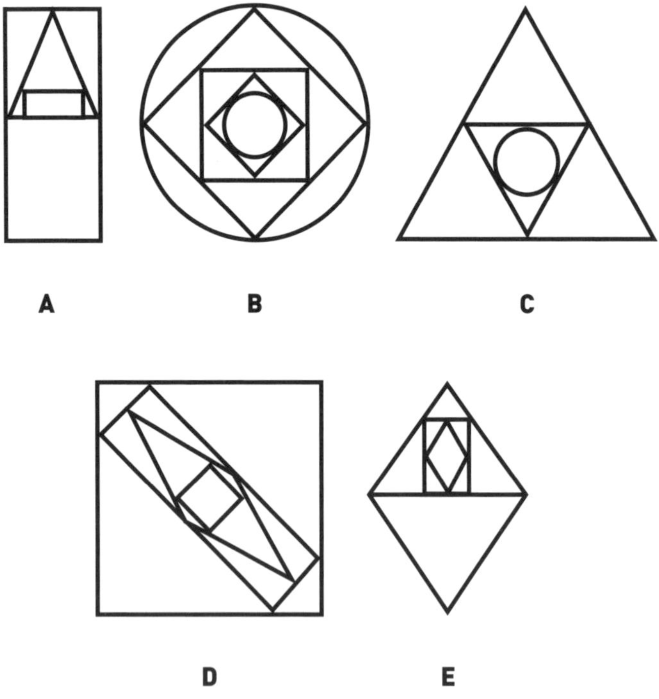

A

B

C

D

E

답: 202쪽

다음 중 나머지와 다른 하나는 무엇일까?

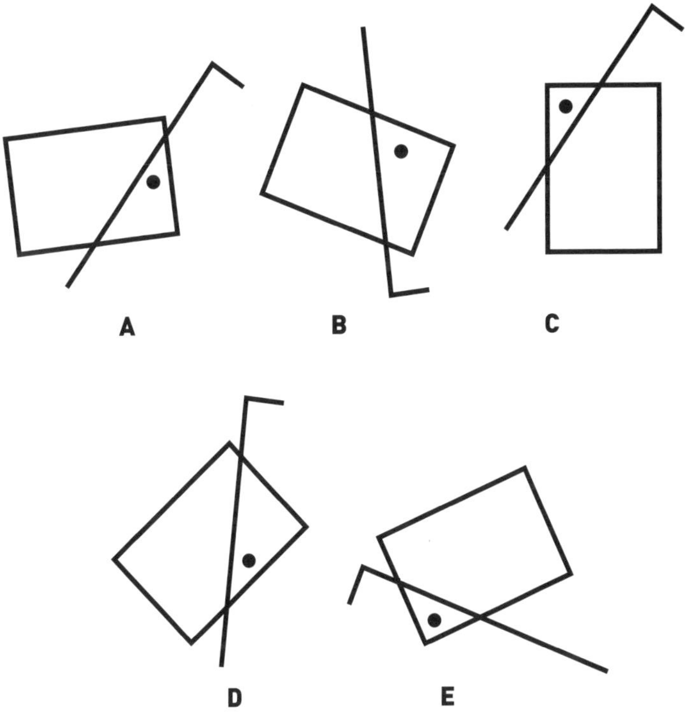

A B C

D E

답: 202쪽

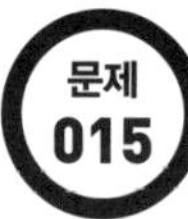

다음 중 나머지와 다른 하나는 무엇일까?

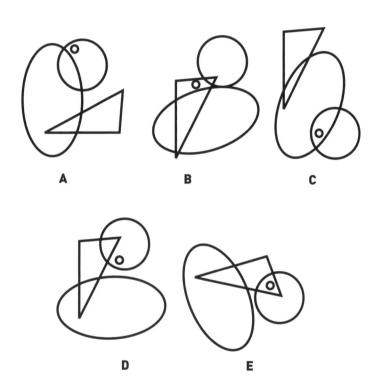

A B C

D E

답: 202쪽

다음 중 나머지와 다른 하나는 무엇일까?

A B

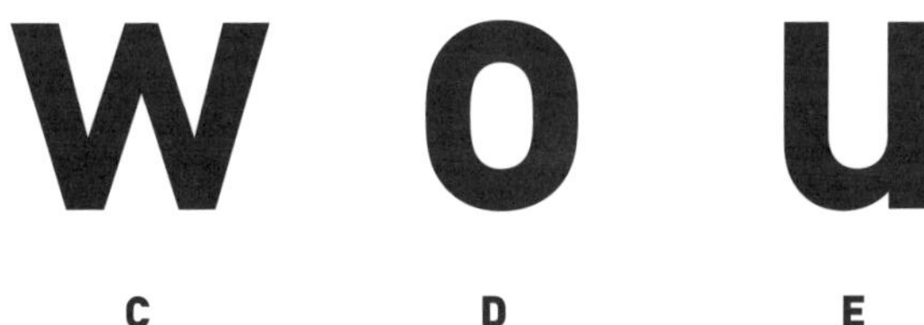

C D E

답: 202쪽

다음 중 나머지와 다른 하나는 무엇일까?

답: 202쪽

다음 중 나머지와 다른 하나는 무엇일까?

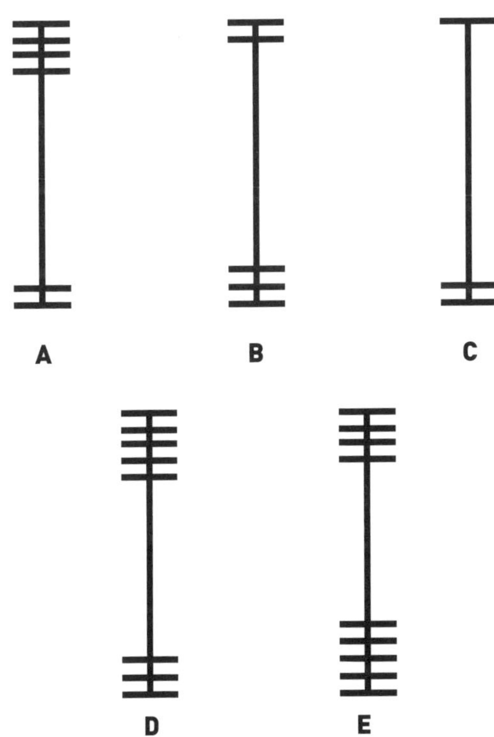

답: 202쪽

다음 중 나머지와 다른 하나는 무엇일까?

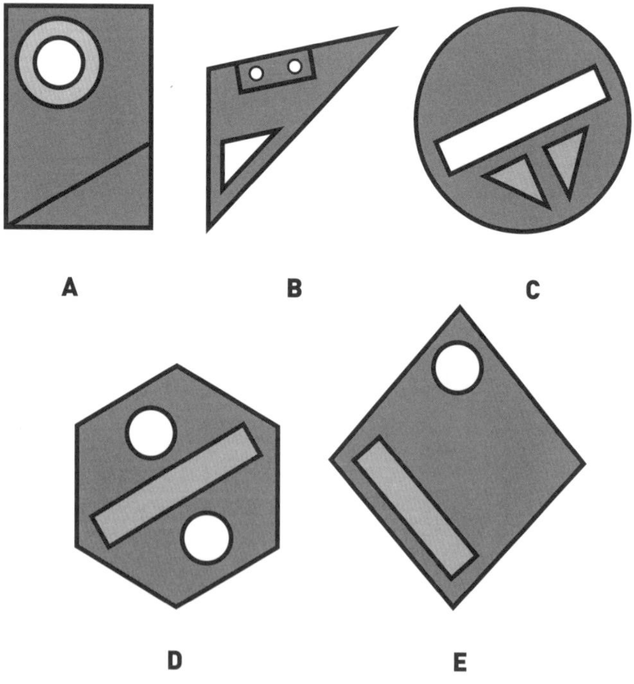

A B C

D E

답: 202쪽

다음 중 나머지와 다른 하나는 무엇일까?

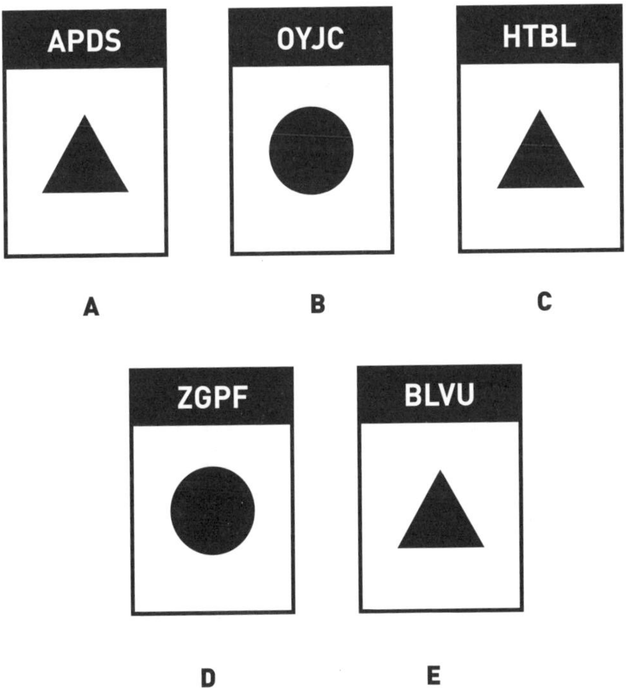

APDS

A

OYJC

B

HTBL

C

ZGPF

D

BLVU

E

답: 202쪽

다음 중 나머지와 다른 하나는 무엇일까?

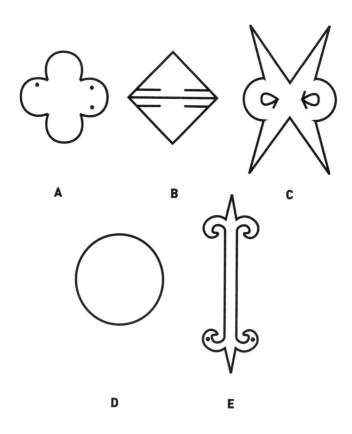

A B C

D E

답: 203쪽

다음 중 나머지와 다른 하나는 무엇일까?

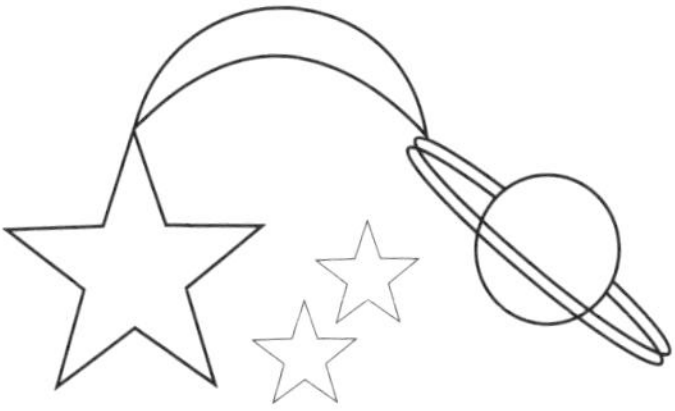

A

B

C

D

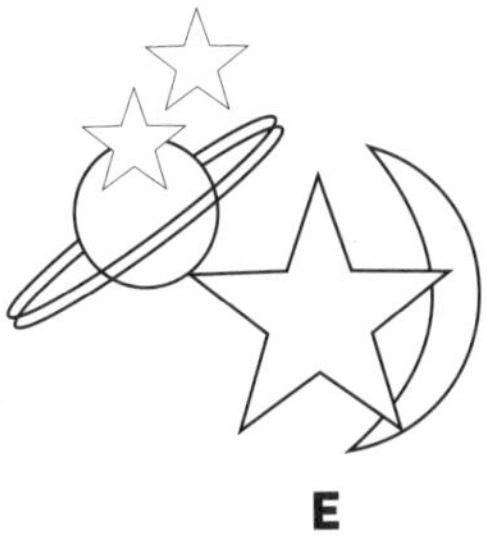

E

답: 203쪽

다음 중 나머지와 다른 하나는 무엇일까?

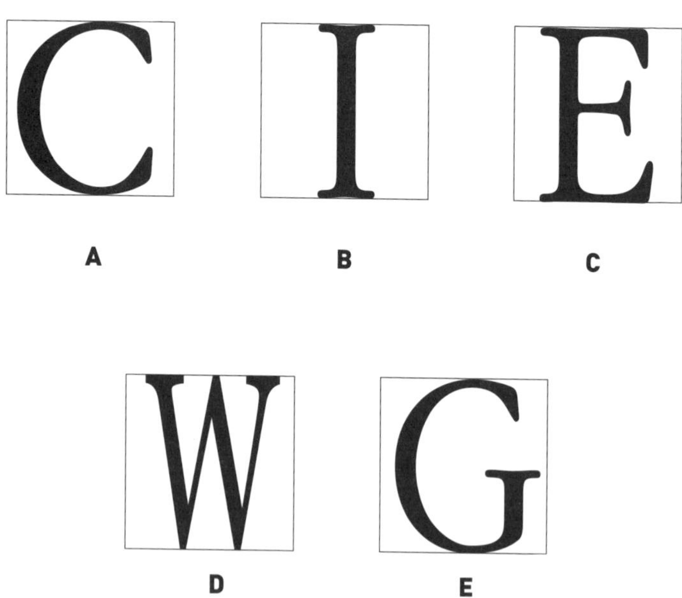

답: 203쪽

다음 중 나머지와 다른 하나는 무엇일까?

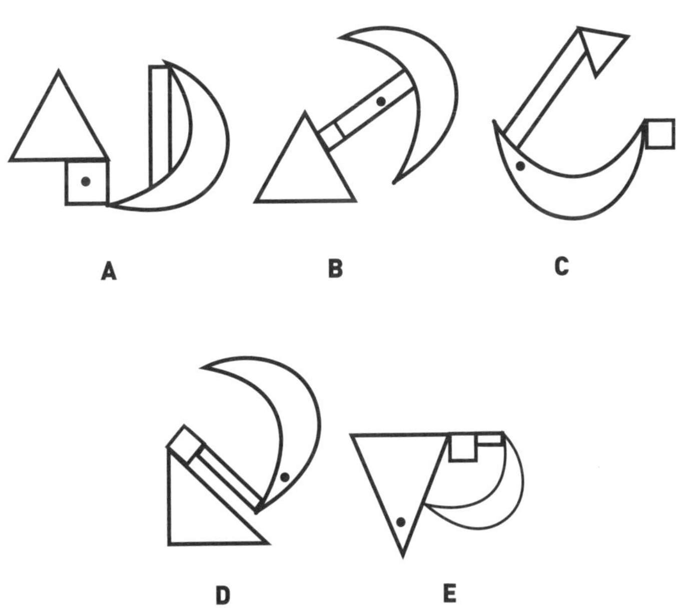

답: 203쪽

다음 중 나머지와 다른 하나는 무엇일까?

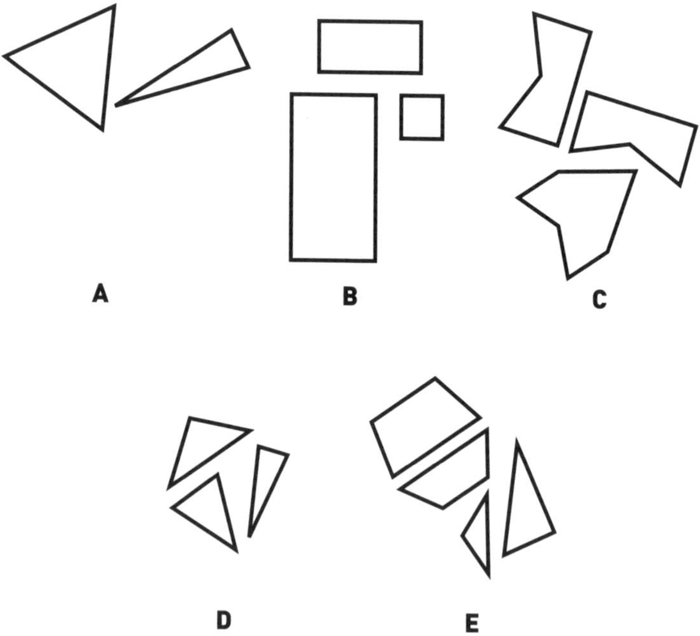

A B C

D E

답: 203쪽

다음 중 나머지와 다른 하나는 무엇일까?

A

B

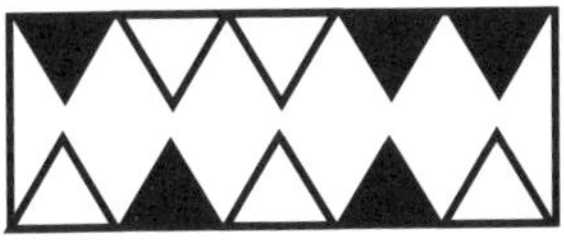

C

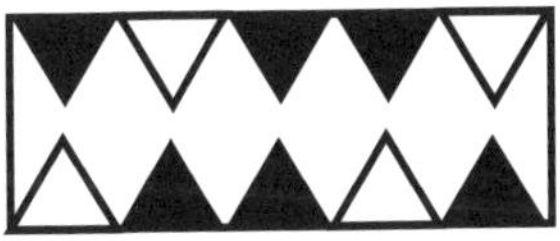

D

E

답: 203쪽

다음 중 나머지와 다른 하나는 무엇일까?

4	A	15	B
9	C	12	D
5	E	8	F
30	G	18	H
24	I	10	J

답: 203쪽

다음 중 나머지와 다른 하나는 무엇일까?

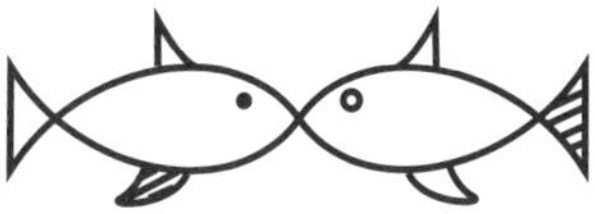

A

B

C

D

E

답: 203쪽

문제 029

누군가가 아래 케이크를 장식하면서 실수를 하나 저질렀다. 어느 조각이 잘못되었을까?

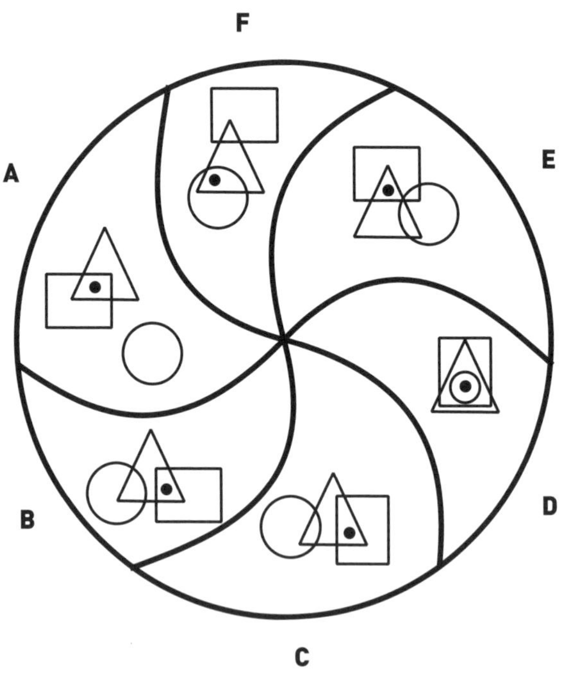

답: 204쪽

A~E 중에서 아래 도형과 결합했을 때 완벽한 삼각형이 되는 것은 무엇일까?

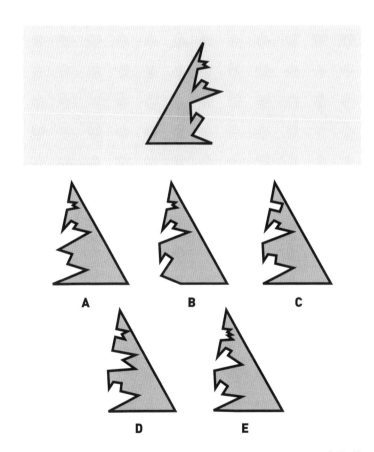

A B C

D E

답: 204쪽

문제 031

A~E 중에서 아래 도형과 결합했을 때 완벽한 원이 되는 것은 무엇일까?

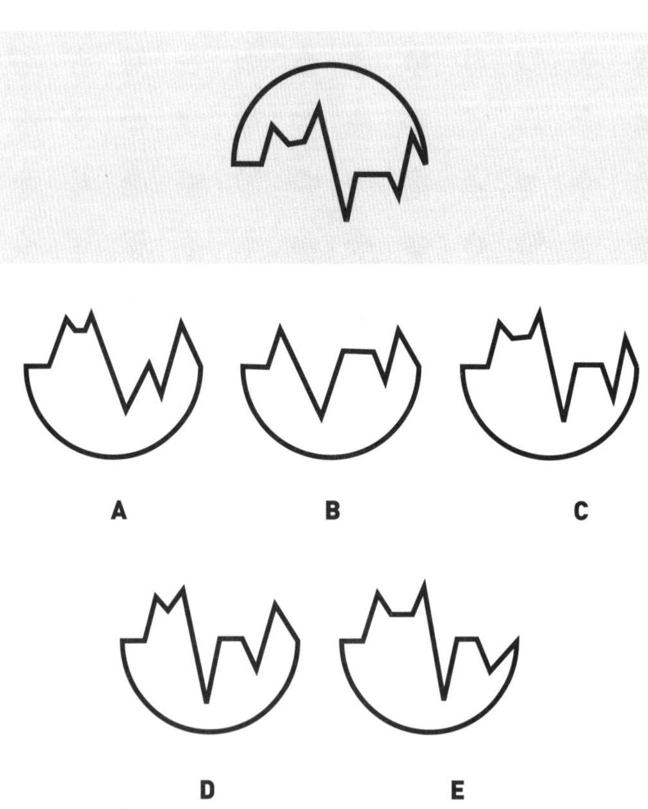

답: 204쪽

문제 032

A~E 중에서 아래 도형과 결합했을 때 완벽한 마름모가 되는 것은 무엇일까?

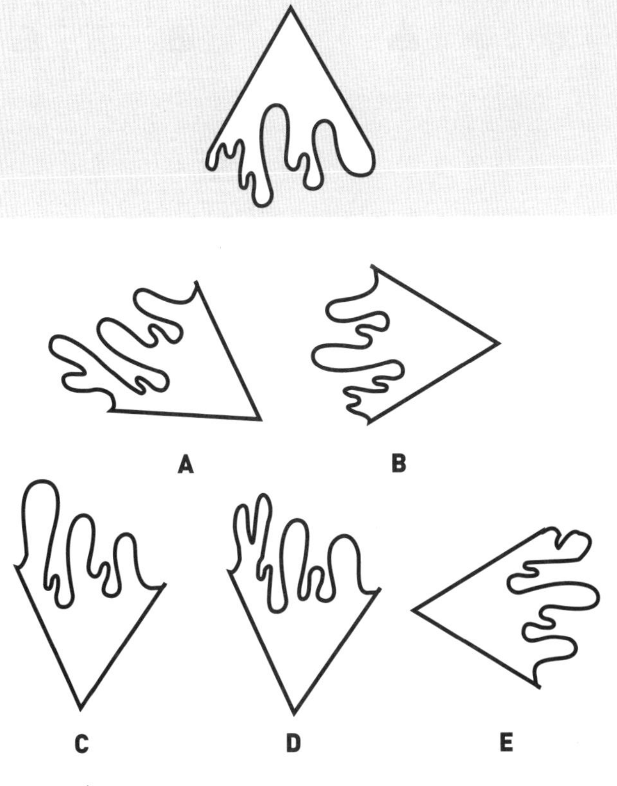

답: 204쪽

문제 033

A~E 중에서 선 하나를 더 그렸을 때 오른쪽 그림이 되는 것은 무엇일까? 새로 긋는 선은 어떤 모양이어도 상관없지만 다른 선들과 겹치면 안 된다.

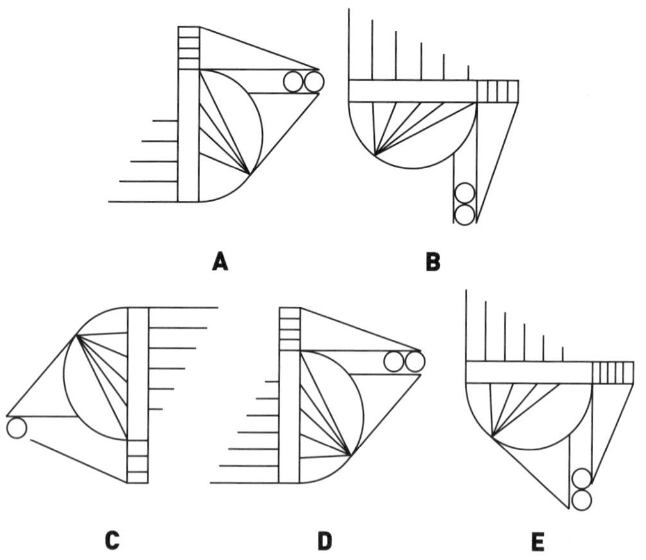

답: 204쪽

문제 034

A~D 중에서 선 하나를 더 그렸을 때 오른쪽 그림과 같은 특성을 갖게 되는 것은 무엇일까?

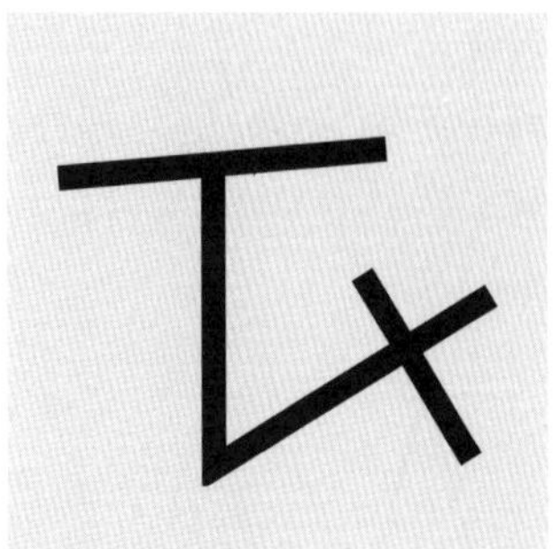

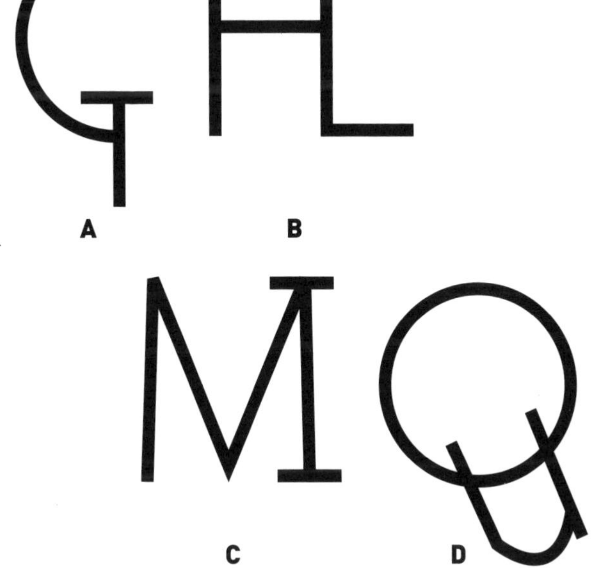

답: 204쪽

문제 035

A~E 중에서 점 하나를 더 찍었을 때 오른쪽 그림과 같은 규칙을 갖게 되는 것은 무엇일까?

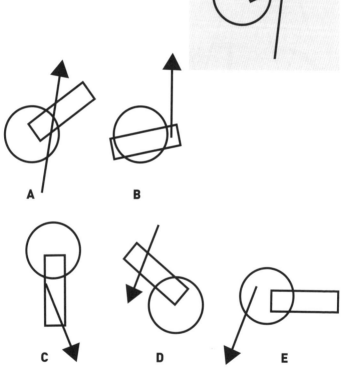

A B

C D E

답: 204쪽

A~C 중에서 삼각형들을 이어 붙였을 때 정사각형을 만들 수 있는 것은 무엇일까?

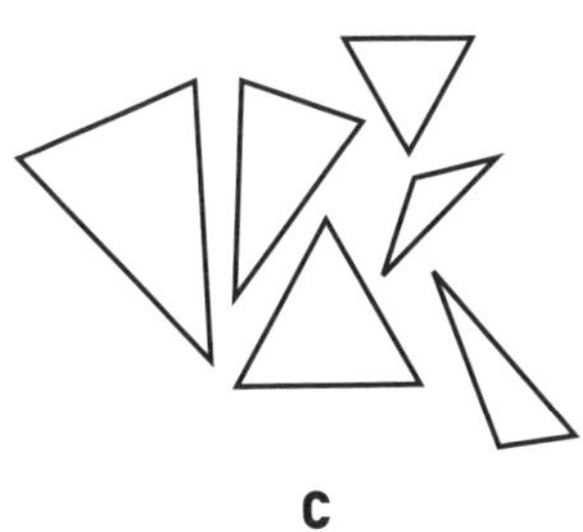

답: 204쪽

아래 물음표에 들어갈 숫자는 무엇일까?

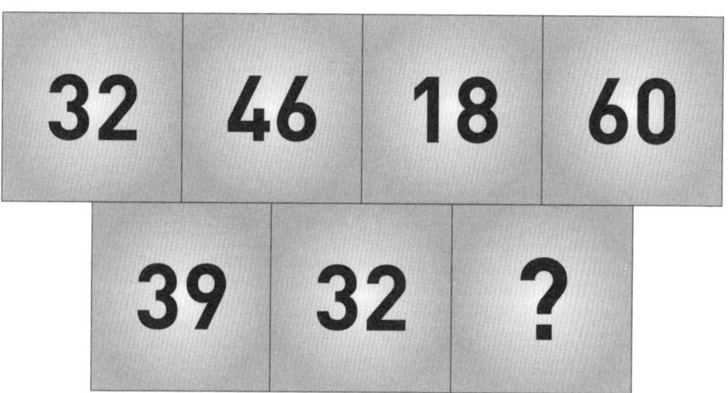

답: 205쪽

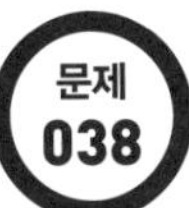

아래 물음표에 들어갈 숫자는 무엇일까?

?	HEY	10
H P Z		A N O
12	IUA	11

답: 205쪽

문제 039

아래 물음표에 들어갈 숫자는 무엇일까?

1	6	6
7	8	56
9	7	?

답: 205쪽

아래 물음표에 들어갈 숫자는 무엇일까?

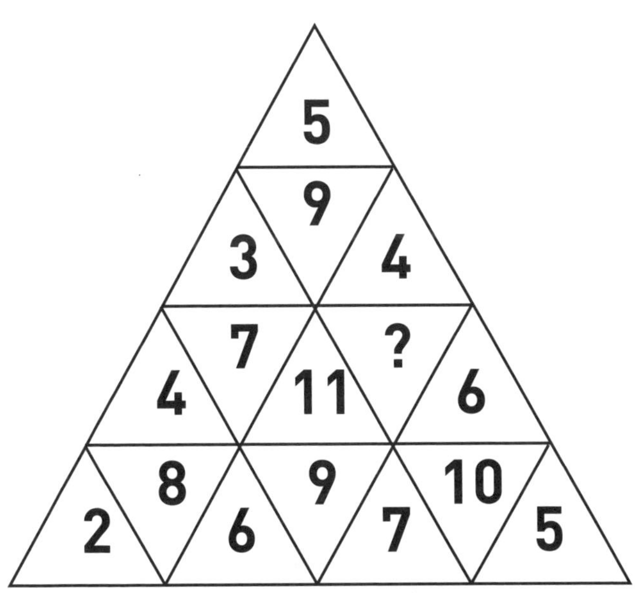

답: 205쪽

문제 041

아래 물음표에 들어갈 숫자는 무엇일까?

답: 205쪽

아래 물음표에 들어갈 알파벳은 무엇일까?

5	K P	7
X ?		U B
6	O G	8

답: 205쪽

아래 물음표에 들어갈 알파벳은 무엇일까?

<table>
<tr><td>10</td><td>TN</td><td>6</td></tr>
<tr><td>B
L</td><td></td><td>W
H</td></tr>
<tr><td>6</td><td>?Q</td><td>15</td></tr>
</table>

답: 206쪽

문제 044

아래 물음표에 들어갈 숫자는 무엇일까?

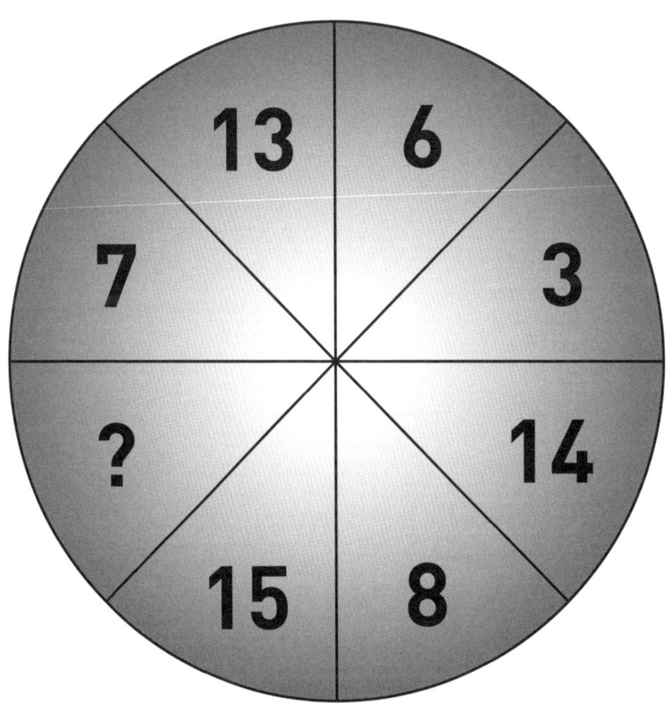

답: 206쪽

문제 045

아래 물음표에 들어갈 숫자는 무엇일까?

답: 206쪽

아래 물음표에 들어갈 숫자는 무엇일까?

24 8
2 ?
6 12
3 1

답: 206쪽

아래 물음표에 들어갈 알파벳은 무엇일까?

?	725	M
1 3 9		4 7 2
I	846	N

답: 206쪽

아래 물음표에 들어갈 알파벳은 무엇일까?

<table>
<tr><td>44</td><td>QLA</td><td>30</td></tr>
<tr><td>?
O
Y</td><td></td><td>H
T
U</td></tr>
<tr><td>33</td><td>IFR</td><td>49</td></tr>
</table>

답: 206쪽

아래 물음표에 들어갈 숫자는 무엇일까?

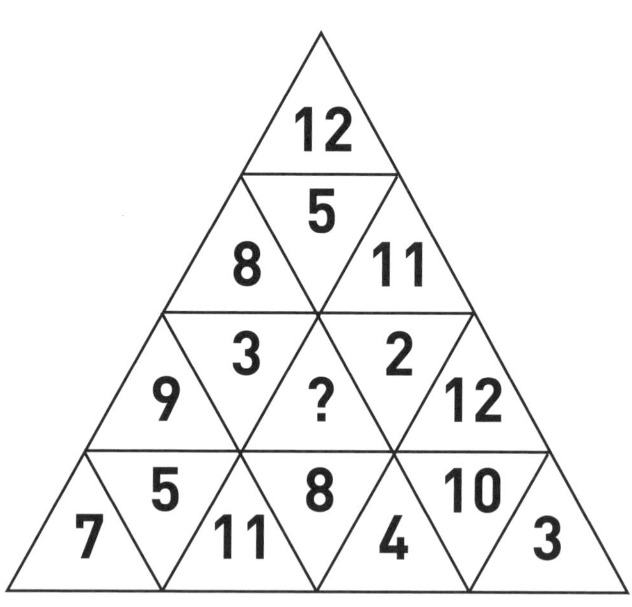

답: 206쪽

아래 물음표에 들어갈 숫자는 무엇일까?

36 7

4 ?

49 5

16 25

답: 207쪽

아래 물음표에 들어갈 숫자는 무엇일까?

19	513	27
52	?	3
14	182	13

답: 207쪽

아래 물음표에 들어갈 숫자는 무엇일까?

8	27	19
57	36	3
65	63	?

답: 207쪽

아래 도형의 빈칸에 들어갈 조각은 A~E 중 무엇일까?

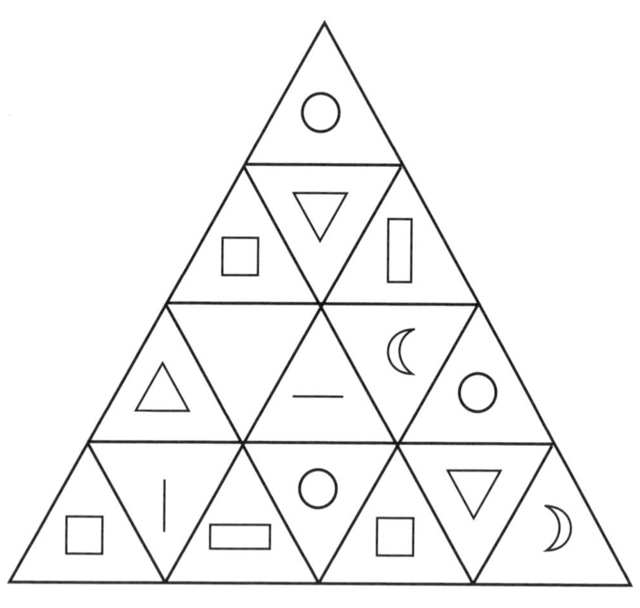

답: 207쪽

아래 도형의 규칙을 알아보자. 다음에 들어갈 작은 원은 어느 삼각형 속에 그려야 할까?

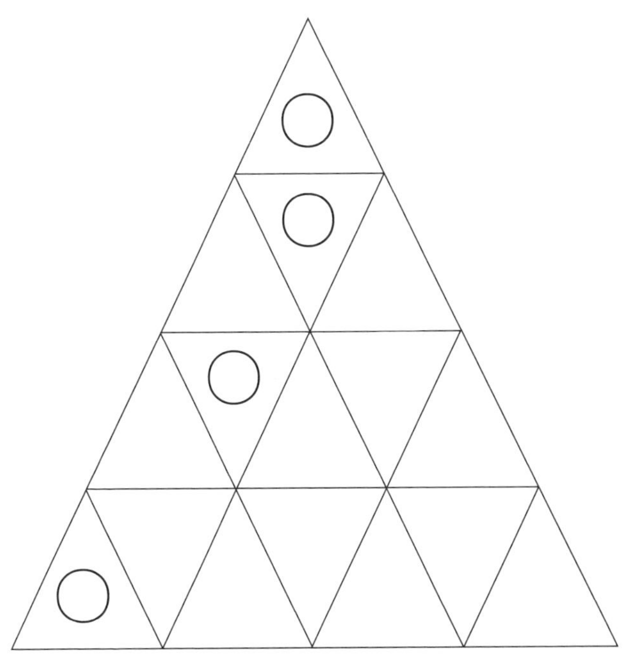

답: 207쪽

아래 삼각형들을 잘 살펴보자. 마지막 삼각형에 들어갈 도형은 무엇일까?

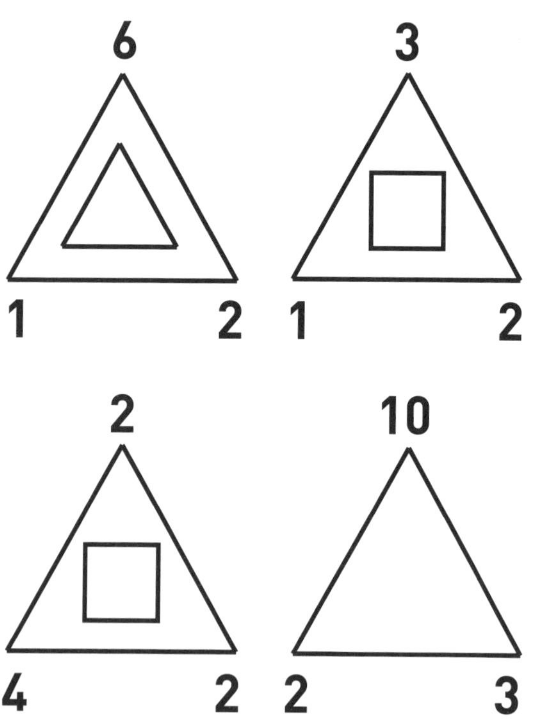

답: 207쪽

아래 삼각형들을 잘 살펴보자. 마지막 삼각형에 들어갈 알파벳은 무엇일까?

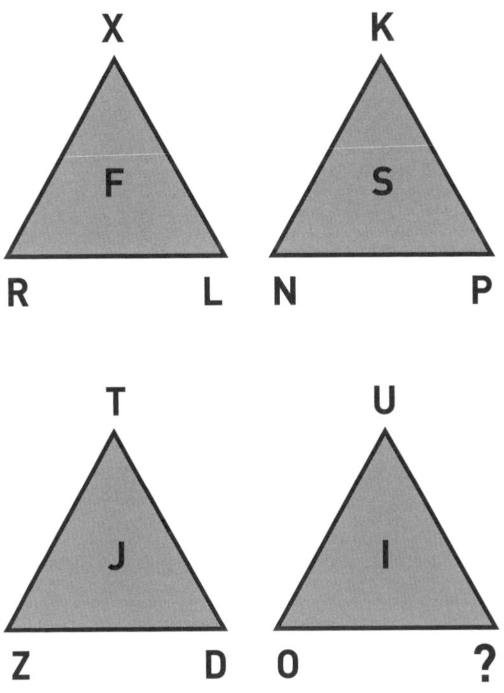

답: 207쪽

아래 그림의 숫자들은 일정한 규칙에 따라 적혀 있다. 물음표에 들어갈 숫자는 무엇일까? 참고로, 괄호를 사용해야 한다.

A	B	C	D	E
5	3	7	23	33
12	2	2	12	16
8	9	10	56	114
6	4	8	35	45
5	7	6	40	?

답: 207쪽

아래 그림의 도형들은 일정한 규칙에 따라 배열되어 있다. 도형 하나가 빠져 있다고 할 때 그 도형은 어떤 모양이고 어느 칸에 들어갈까?

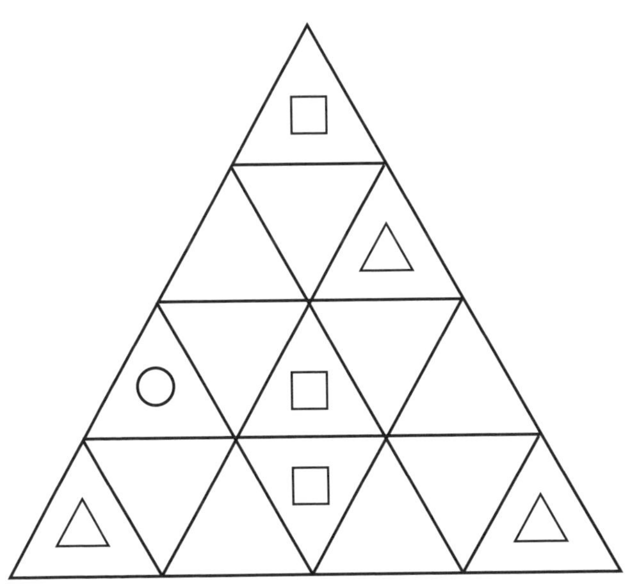

답: 208쪽

다음 격자에서 빈칸에 들어갈 조각은 A~E 중 무엇일까?

✳	✳	†	✳	✳	△	✳	✳	†	✳	✳	△
✳	△	†	✳	†	△	✳	△	†	✳	†	△
†	△	†	✳	△	†	†	△	†	✳	△	†
†	△	△	△	△	†	†	△	△	△	△	†
†	†	△	△	✳	†	†	†	△	△	✳	†
△	†	△	†	✳	✳	△	†	△	†	✳	✳
△	†	✳	✳	✳	✳	△	†	✳	✳	✳	✳
✳	✳	✳	△	†	✳	✳	✳	✳	△	†	✳
†	✳	✳	△	†	△	†	✳	✳	△	†	△
△	✳	†	†	†	△	△	✳	†	†	†	△
△	△	†	†		△	△	△	†	†	△	△
✳	△	†	†		†	✳	△	†	†	△	†
✳	†	△	✳				†	△	✳	△	†
✳	✳	△	✳	✳	†	✳	✳	△	✳	✳	†

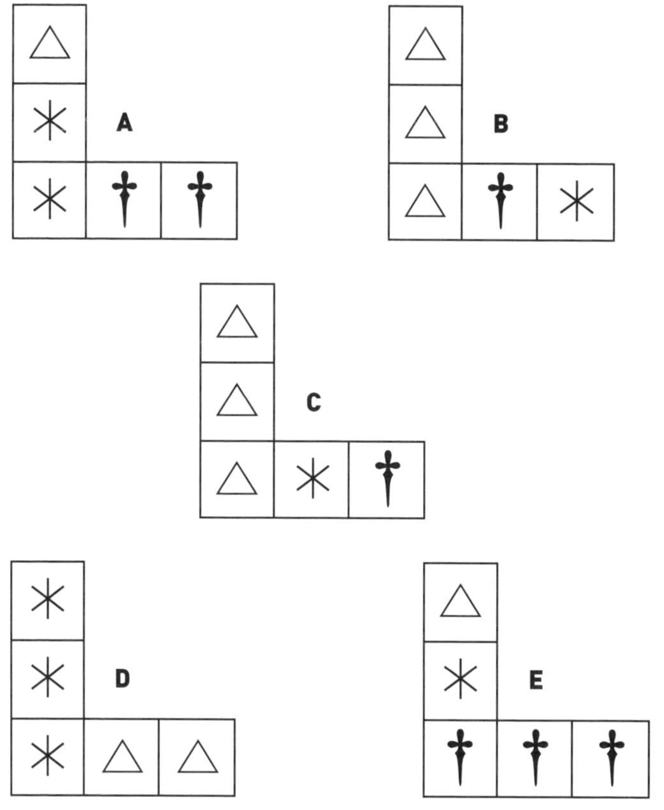

답: 208쪽

다음 격자에서 빈칸에 들어갈 조각은 A~E 중 무엇일까?

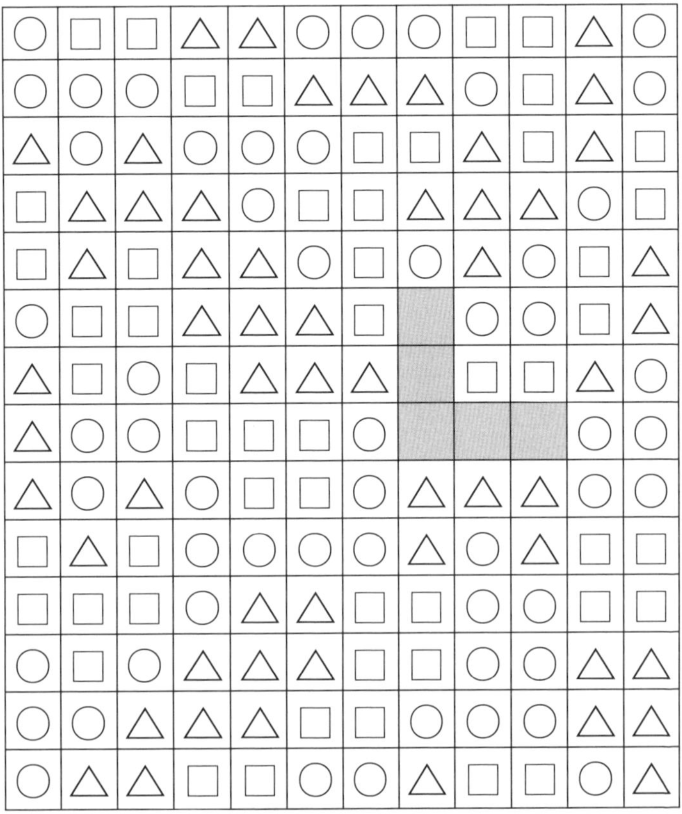

○	□	□	△	△	○	○	○	□	□	△	○
○	○	○	□	□	△	△	△	○	□	△	○
△	○	△	○	○	○	□	□	△	□	△	□
□	△	△	△	○	□	□	△	△	△	○	□
□	△	□	△	△	○	□	○	△	○	□	△
○	□	□	△	△	△	□		○	○	□	△
△	□	○	□	△	△	△		□	□	△	○
△	○	○	□	□	□	○				○	○
△	○	△	○	□	□	○	△	△	△	○	○
□	△	□	○	○	○	○	△	○	△	□	□
□	□	□	○	△	△	□	□	○	○	□	□
○	□	○	△	△	△	□	□	○	○	△	△
○	○	△	△	△	□	□	○	○	○	△	△
○	△	△	□	□	○	○	△	□	□	○	△

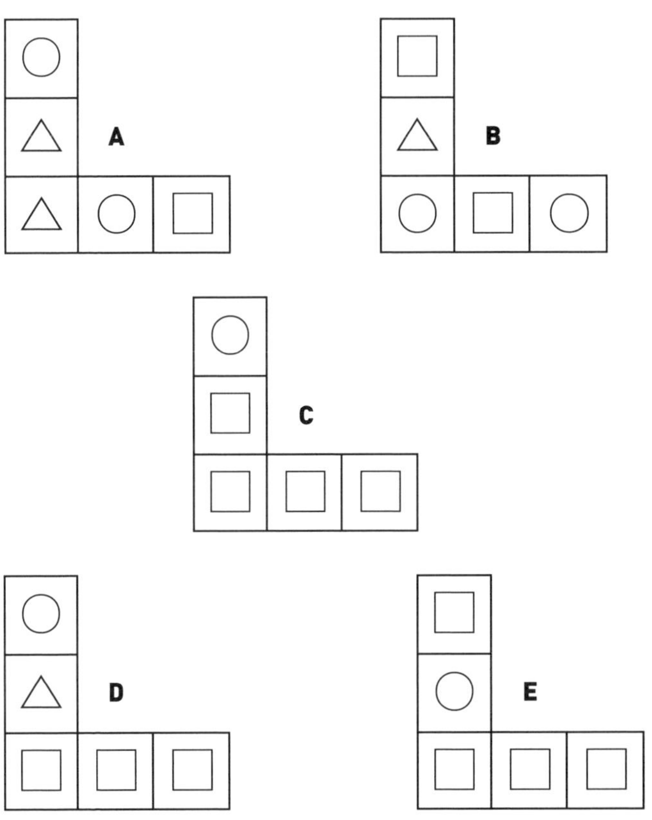

답: 208쪽

다음 격자에서 빈칸에 들어갈 조각은 A~E 중 무엇일까?

♥	♥	♥	♦	♦	♦	♠	♠	♠	♥	♥	♦
♦	♦	♦	♥	♥	♥	♠	♦	♥	♠	♠	♦
♠	♠	♠	♥	♥	♦	♦	♠	♠	♥	♦	♠
♦	♥	♥	♠	♠	♠	♦	♦	♦	♥	♥	♥
♦	♠	♠	♥	♦	♠	♥	♥	♥	♦	♦	♦
♠	♦	♥		♠	♦	♦	♥	♥	♠	♠	♠
♥	♥	♥		♦	♦	♠	♠	♠	♥	♥	♦
♦	♦	♦				♠	♦	♥	♠	♠	♦
♠	♠	♠	♥	♥	♦	♦	♠	♠	♥	♦	♠
♦	♥	♥	♠	♠	♠	♦	♦	♦	♥	♥	♥
♦	♠	♠	♥	♦	♠	♥	♥	♥	♦	♦	♦
♠	♦	♥	♠	♠	♦	♦	♥	♥	♠	♠	♠
♥	♥	♥	♦	♦	♦	♠	♠	♠	♥	♥	♦
♦	♦	♦	♥	♥	♥	♠	♦	♥	♠	♠	♦

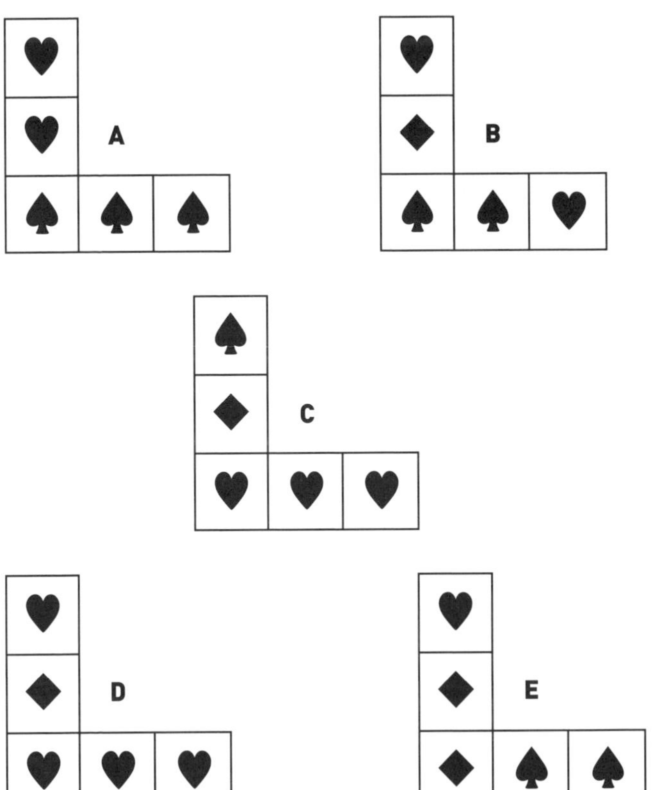

답: 208쪽

5개의 도형이 겹쳐 있는 아래 그림의 숫자들은 일정한 규칙에 따라 적혀 있다. 물음표에 들어갈 숫자는 무엇일까?

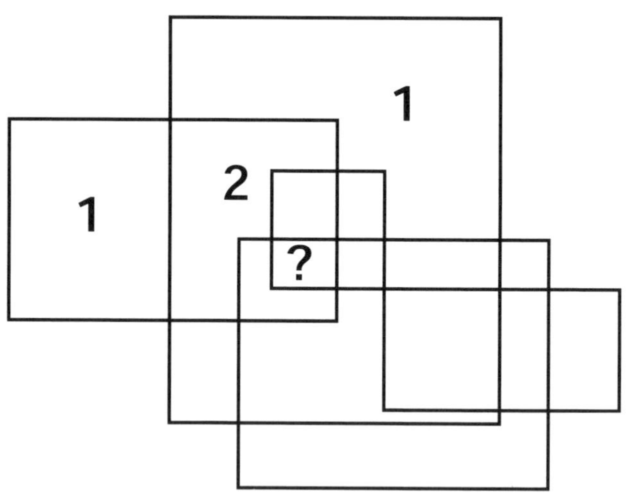

답: 208쪽

아래 도형들은 일정한 규칙에 따라 나열되어 있다.
다음에 올 도형은 무엇일까?

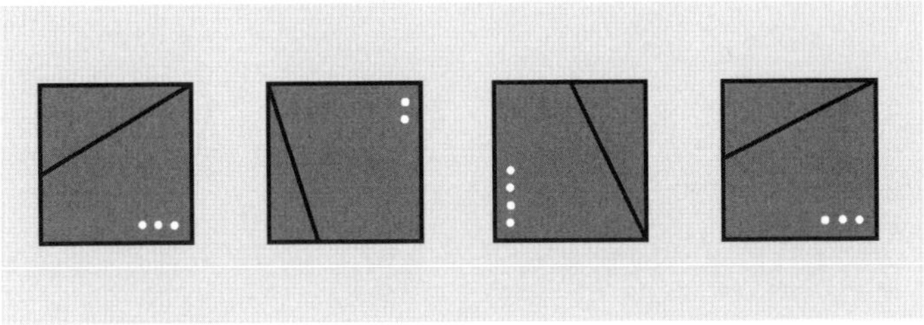

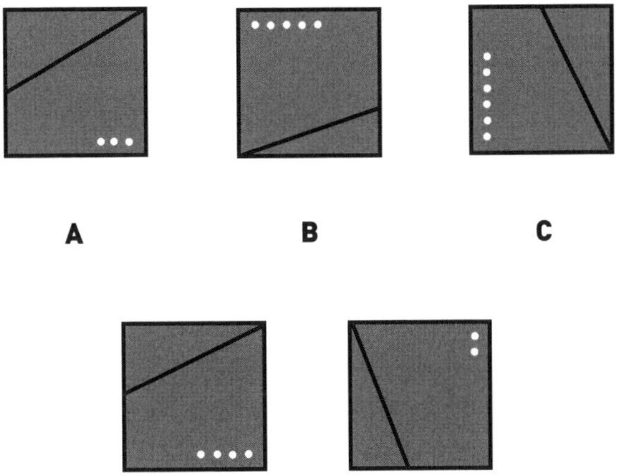

A

B

C

D

E

답: 209쪽

아래 도형들은 일정한 규칙에 따라 나열되어 있다.
다음에 올 도형은 무엇일까?

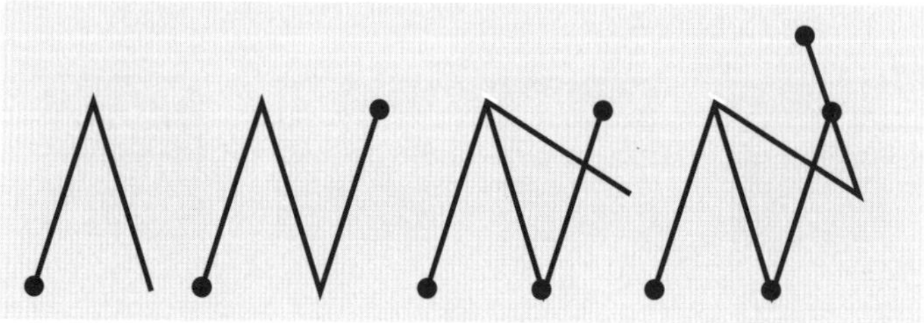

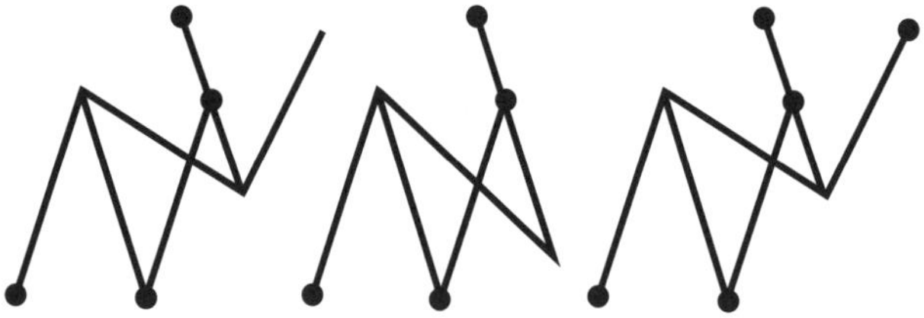

A

B

C

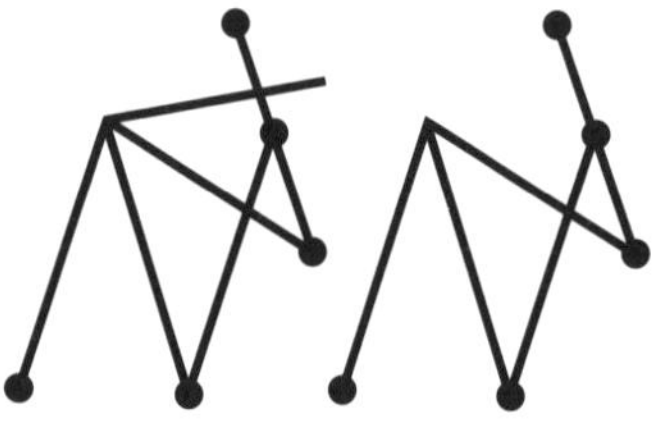

D

E

답: 209쪽

아래 도형들은 일정한 규칙에 따라 나열되어 있다.
다음에 올 도형은 무엇일까?

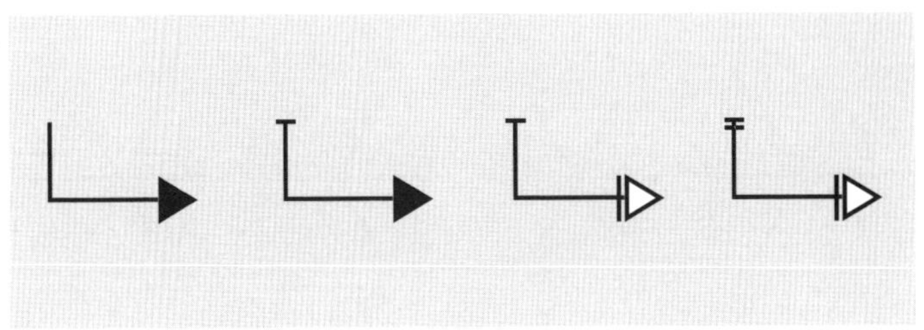

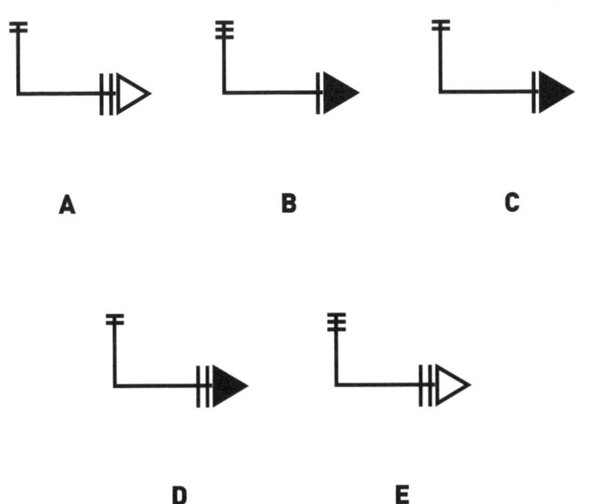

답: 209쪽

아래 도형들은 일정한 규칙에 따라 나열되어 있다.
다음에 올 도형은 무엇일까?

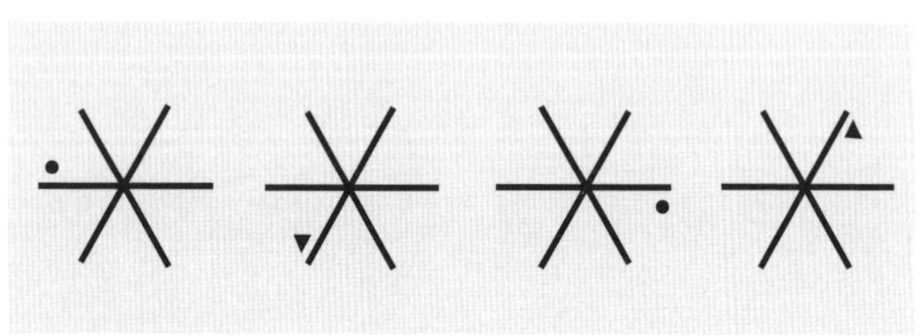

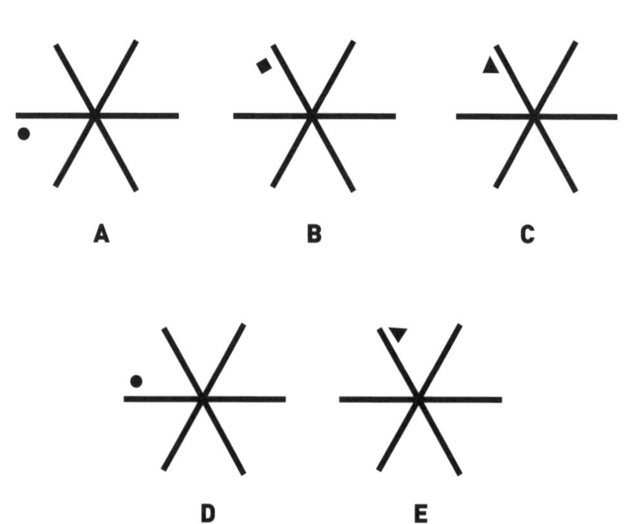

답: 209쪽

아래 도형들은 일정한 규칙에 따라 나열되어 있다.
다음에 올 도형은 무엇일까?

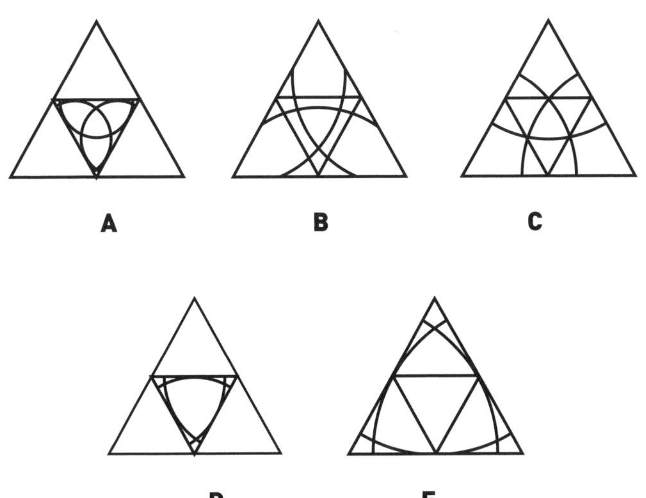

답: 209쪽

아래 도형들은 일정한 규칙에 따라 나열되어 있다.
다음에 올 도형은 무엇일까?

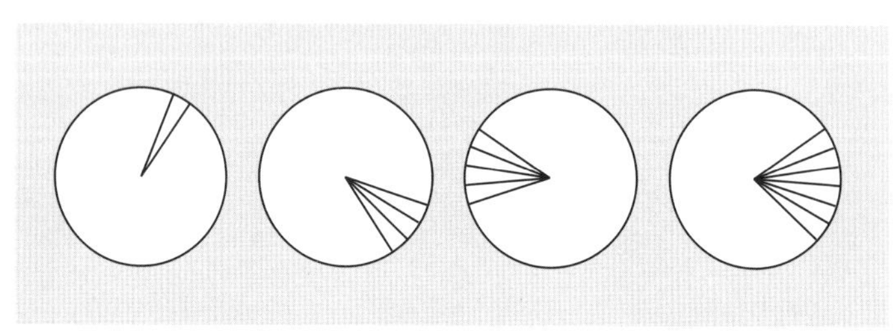

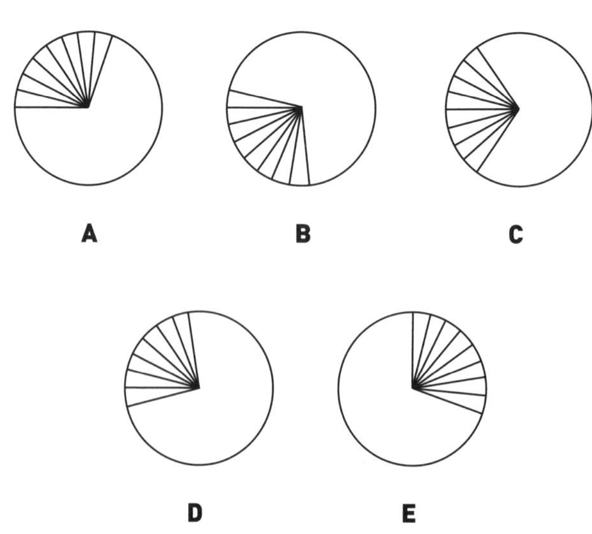

답: 209쪽

문제 069

아래 도형들은 일정한 규칙에 따라 나열되어 있다.
다음에 올 도형은 무엇일까?

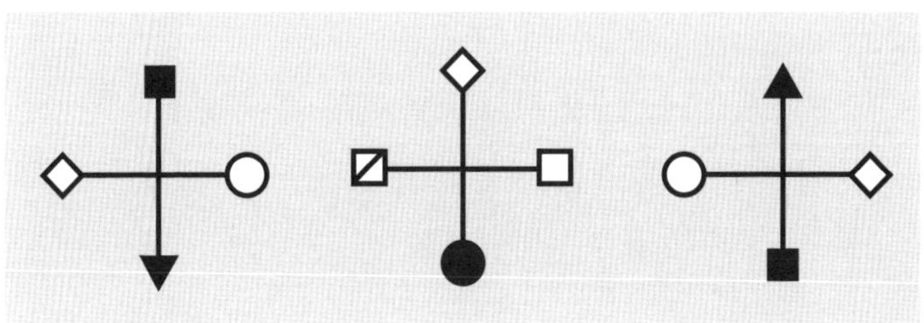

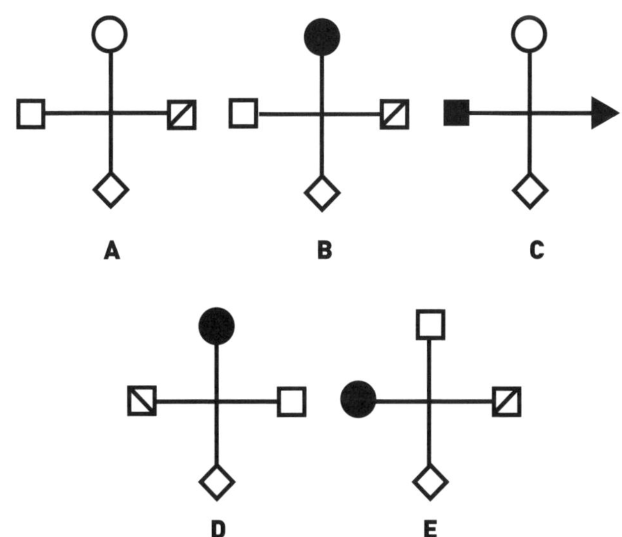

답: 209쪽

문제 070

아래 표들은 일정한 규칙에 따라 나열되어 있다.
다음에 올 표는 무엇일까?

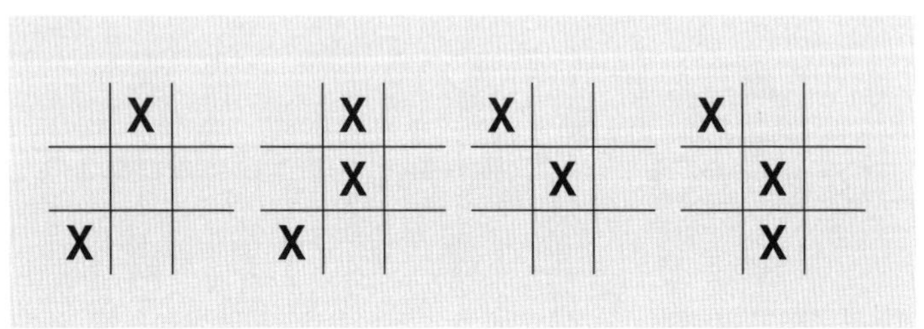

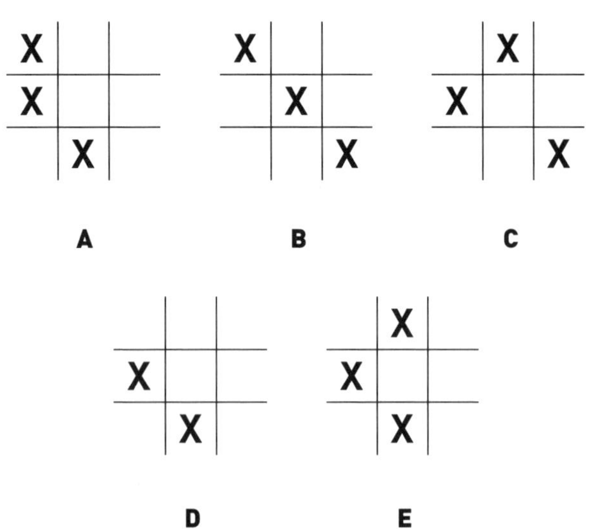

답: 210쪽

아래 도형들은 일정한 규칙에 따라 나열되어 있다.
다음에 올 도형은 무엇일까?

A 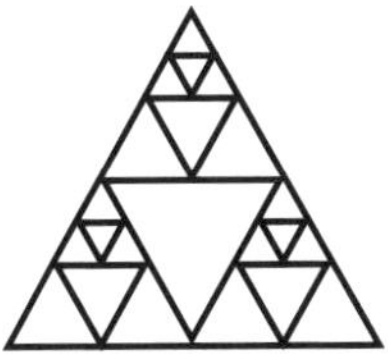 **B**  **C**

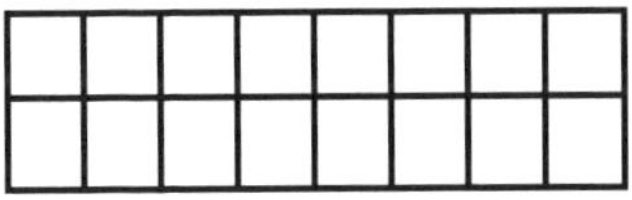

D  **E**

답: 210쪽

문제 072

아래 알파벳들은 가로줄마다 일정한 규칙에 따라 나열되어 있다. 다음에 올 알파벳 배열은 무엇일까?

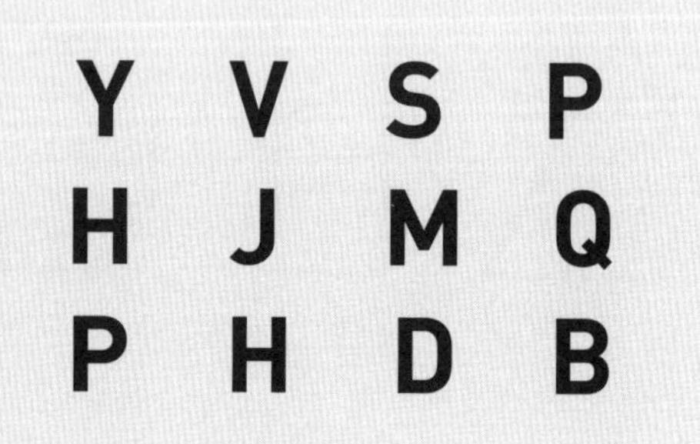

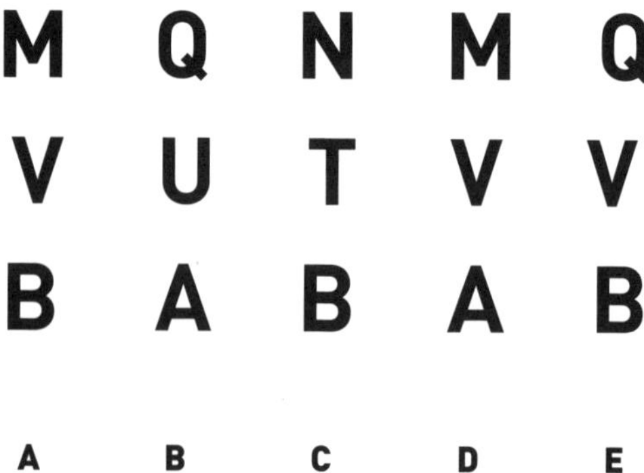

답: 210쪽

1 아래는 특정한 규칙을 가진 알파벳 배열이다. 빠진 알파벳 하나는 무엇일까?

B C D E I K O X

2 아래는 특정한 규칙을 가진 알파벳 배열이다. 빠진 알파벳 하나는 무엇일까?

A H I M O U V W X Y

답: 210쪽

문제 074

아래 산식은 숫자를 알파벳으로 바꾼 것이다. 각 알파벳은 0부터 9까지 숫자 중 하나를 뜻한다. R은 2를 나타내는데 이것만 알아도 나머지 알파벳을 모두 숫자로 바꿀 수 있을 것이다. 알파벳에 해당하는 숫자를 찾아 산식을 완성해보자.

QR	÷	S	×	T	=	UV
-		-		+		÷
WX	+	Y	-	U	=	RV

TU ÷ Z ÷ S = R

답: 210쪽

문제 075

아래 그림의 각 빈칸에 사칙연산 기호 중 하나를 넣어 산식을 완성해 보자. 제일 위 칸부터 시계 방향으로 진행한다. 기호 중 하나는 두 번 쓸 수 있지만 나머지 기호는 한 번만 넣을 수 있다. 또, 각 알파벳은 알파벳 순서에 해당하는 숫자를 뜻한다. 예를 들면 A는 1이고 Z는 26이다. 참고로, 괄호를 사용해야 한다.

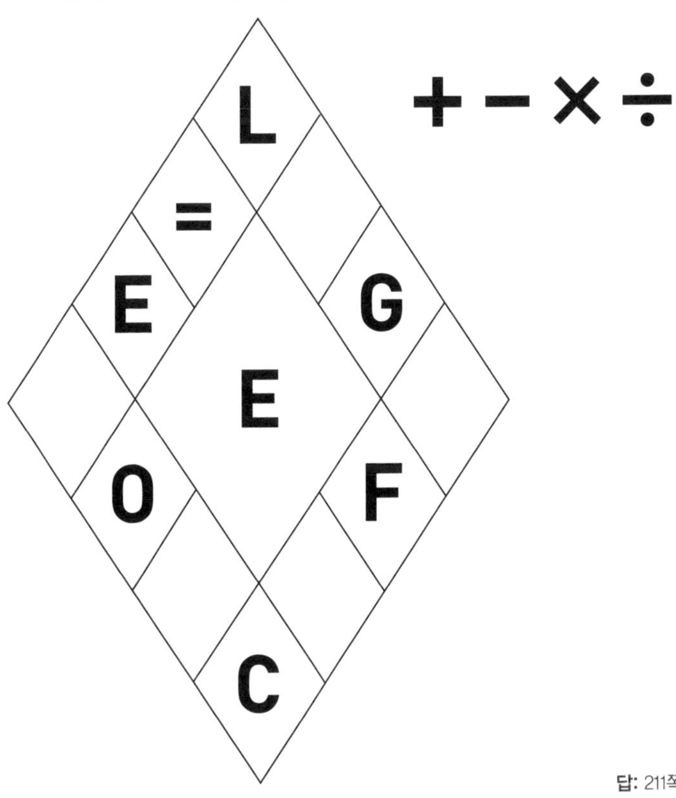

답: 211쪽

문제 076

아래 그림의 각 빈칸에 사칙연산 기호 중 하나를 넣어 산식을 완성해 보자. 제일 위 칸부터 시계 방향으로 진행한다. 기호 중 하나는 두 번 쓸 수 있지만 나머지 기호는 한 번만 넣을 수 있다. 또, 각 알파벳은 알파벳 순서에 해당하는 숫자를 뜻한다. 예를 들면 A는 1이고 Z는 26이다. 참고로, 괄호를 사용해야 한다.

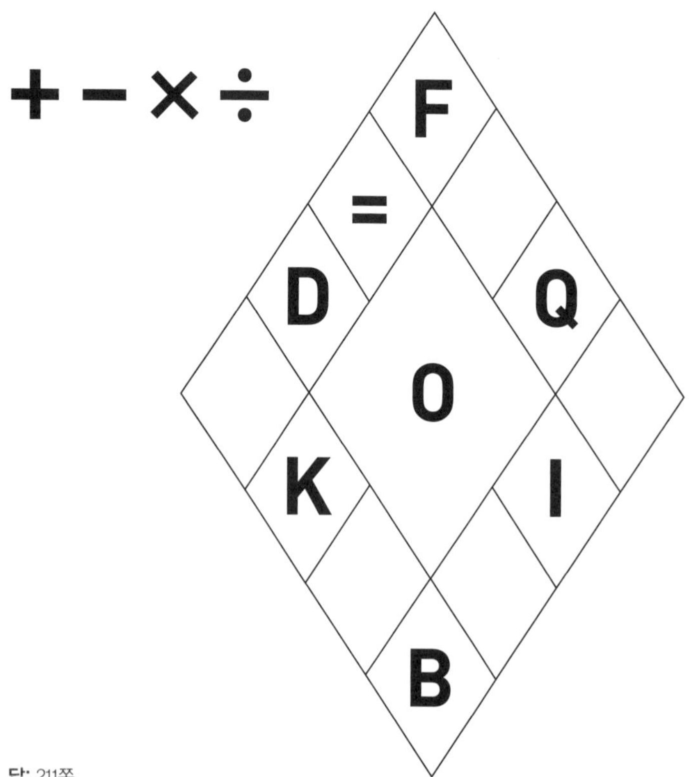

답: 211쪽

아래는 특정한 수의 나눗셈식이다. 알파벳으로 바뀌어 있어 복잡해 보이지만 사실은 이렇게 쉬운 문제도 없다. 나누는 수와 나뉘는 수가 나머지 없이 딱 떨어지기 때문이다. 각 알파벳은 늘 같은 숫자를 뜻한다. 알파벳에 해당하는 숫자를 찾아 나눗셈식을 완성해보자.

```
        CDEFG
    ─────────
AB ) ADGAAHD
     AJK
     ───
      AKA
      AAG
      ───
        FA
        JF
        ──
        AGH
        AEE
        ───
          FD
```

답: 211쪽

아래 시계들을 잘 살펴보고 숨어 있는 규칙을 찾아보자.
물음표에 들어갈 그림은 무엇일까?

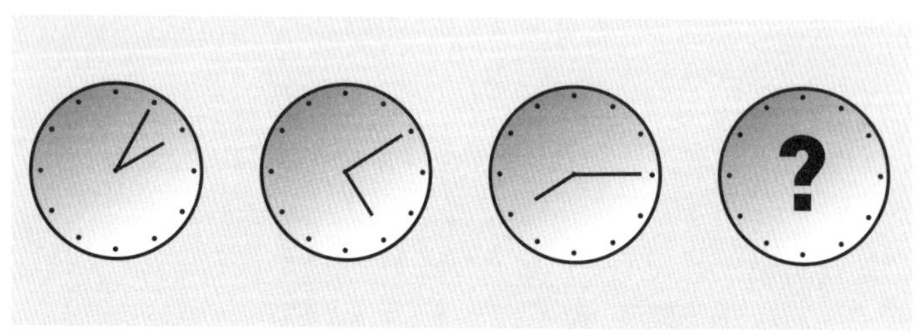

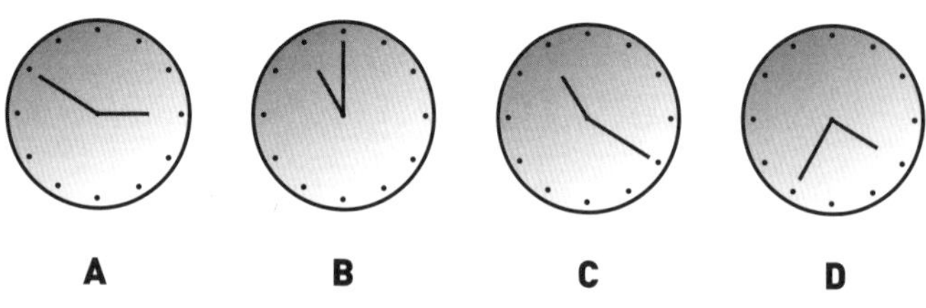

A **B** **C** **D**

답: 211쪽

아래 시계들을 잘 살펴보고 숨어 있는 규칙을 찾아보자.
물음표에 들어갈 그림은 무엇일까?

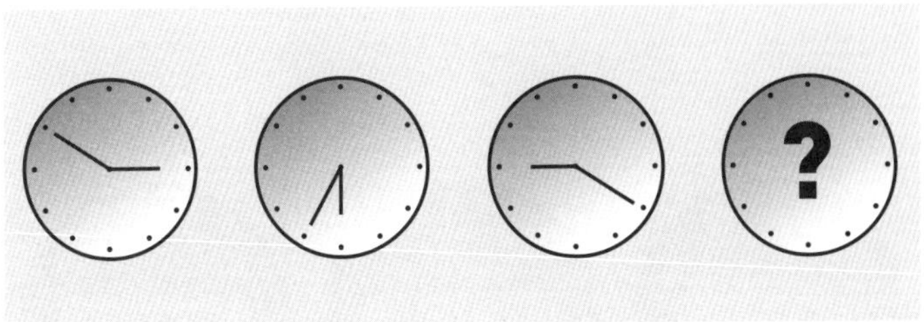

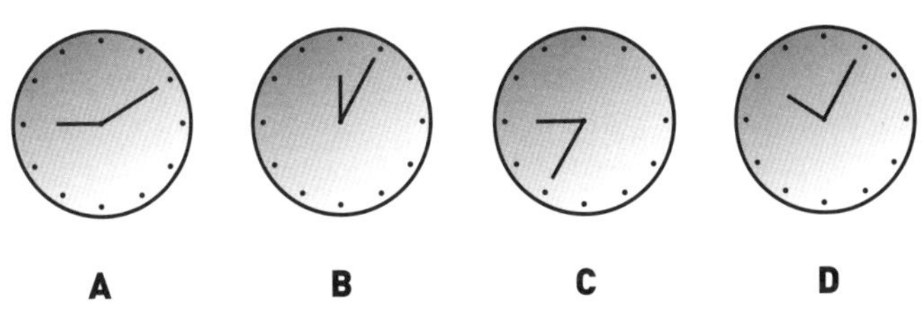

A B C D

답: 211쪽

아래 시계들을 잘 살펴보고 숨어 있는 규칙을 찾아라.
다섯 번째 시계에 들어갈 숫자는 무엇일까?

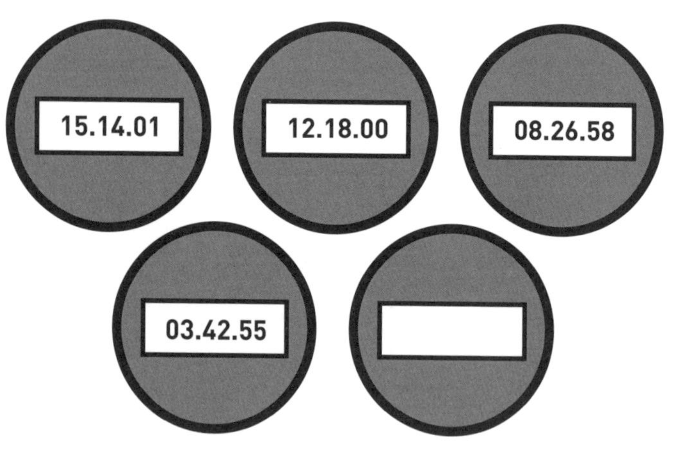

답: 211쪽

아래 시계들을 잘 살펴보고 숨어 있는 규칙을 찾아보자.
물음표에 들어갈 그림은 무엇일까?

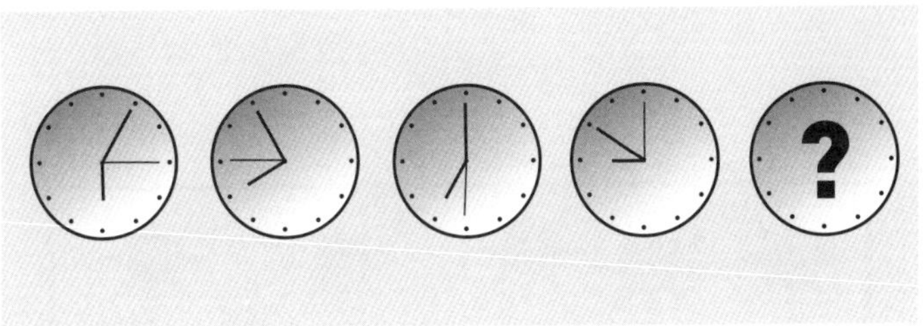

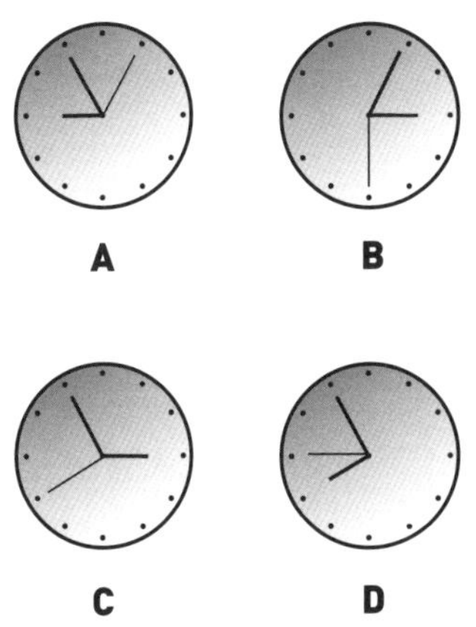

답: 212쪽

직선 6개를 그어 아래 상자를 일곱 칸으로 나누어라. 칸마다 각각 1개, 2개, 3개, 4개, 5개, 6개, 7개의 별이 들어가야 한다. 각 직선은 상자 테두리에서 시작해야 하지만 반대쪽 끝은 테두리에서 끝나지 않아도 된다. 직선을 어떻게 그어야 할까?

답: 212쪽

직선 5개를 그어 아래 상자를 일곱 칸으로 나누어라. 칸마다 각각 1개, 2개, 3개, 4개, 5개, 6개, 7개의 점이 들어가야 한다. 각 직선은 상자 테두리에서 시작해야 하지만 반대쪽 끝은 테두리에서 끝나지 않아도 된다. 직선을 어떻게 그어야 할까?

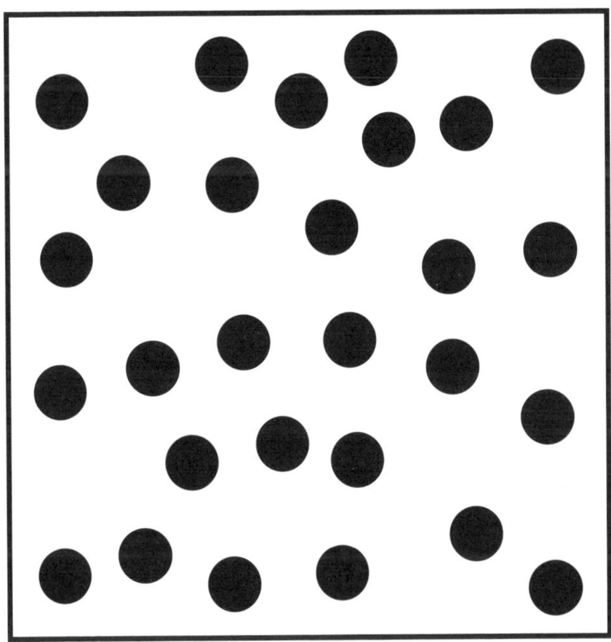

답: 212쪽

문제 084

아래 원의 각 칸은 10 이하 연속된 3개의 숫자 중 하나의 값을 가진다. 흰색 칸의 값은 7이고 모든 칸의 값을 합하면 50이 된다. 검은색 칸과 점무늬 칸의 값은 얼마일까?

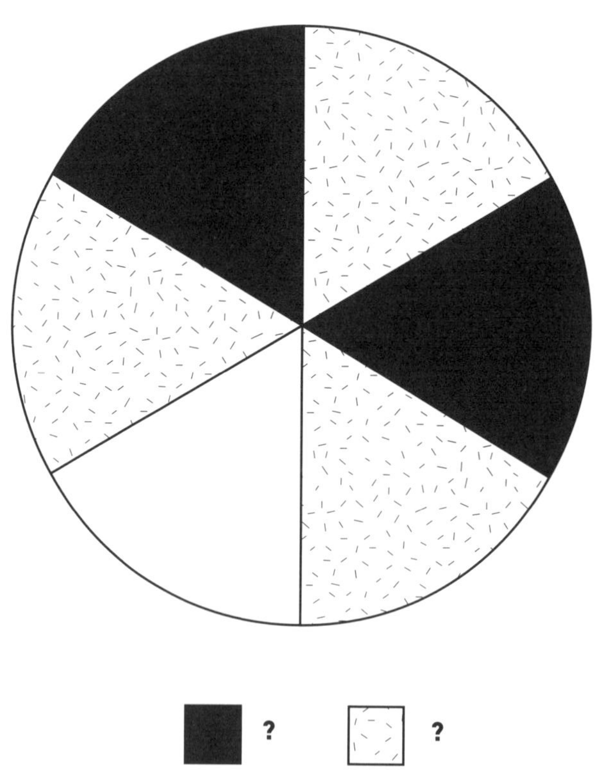

■ ?　　□ ?

답: 212쪽

아래 원의 각 칸은 10 이하 연속된 3개의 홀수 중 하나의 값을 가진다. 모든 칸의 값을 합하면 16이 된다. 각 칸의 값은 얼마일까?

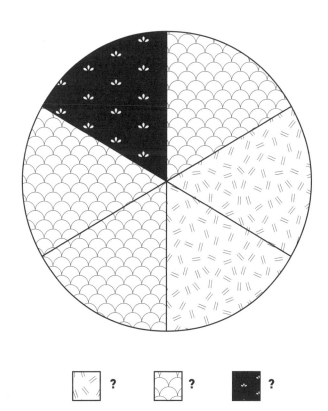

 ?

 ?

 ?

답: 213쪽

문제 086

아래 원의 각 칸은 숫자 2, 4, 6, 8 중 하나의 값을 가진다. 모든 칸의 값을 합하면 44가 된다. 각 칸의 값은 얼마일까?

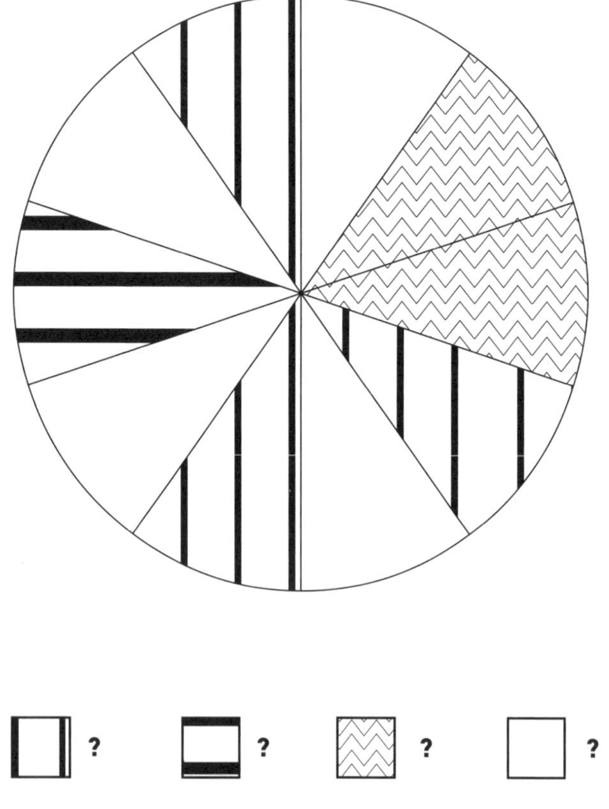

? ? ? ?

답: 213쪽

아래 원의 각 칸은 10 이하 연속된 3개의 짝수 중 하나의 값을 가진다. 모든 칸의 값을 합하면 20이 된다. 각 칸의 값은 얼마일까?

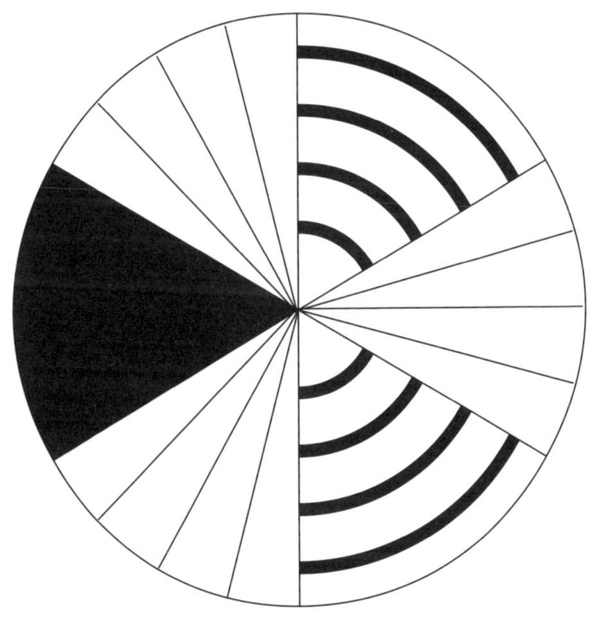

 ?  ?  ?

답: 213쪽

문제 088

아래 원의 각 칸은 숫자 1, 3, 5, 7 중 하나의 값을 가진다. 모든 칸의 값을 합하면 34가 된다. 각 칸의 값은 얼마일까?

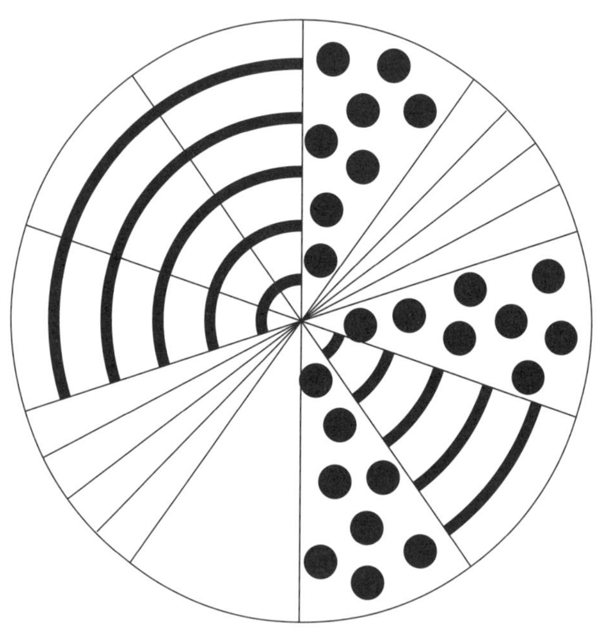

 ?  ?  ?  ?

답: 213쪽

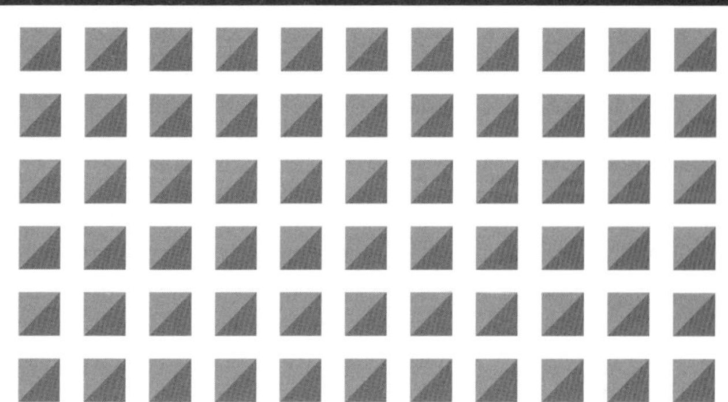

논리 추리

모든 사건에는 원인이 있는 법,

흩어진 단서 속에서 사건의 연결고리를 발견하라.

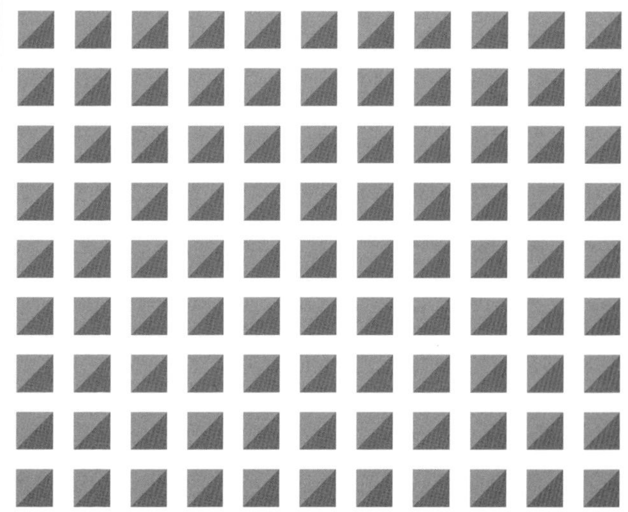

VIP 파티가 끝나고 바닥은 온통 찢어진 참석자 이름표들로 난장판이었다. 참석자는 모두 할리우드 배우였다. 이름표 조각들을 연결해 보자. 배우들의 이름은 무엇일까?

MO RO THAU MAT ORE WAL

MAR ROB JO MAN LEW

TER LON LEN ALE DAY SKI

FORD BRAN IEL RED CY

CAR AL IS DIA DY TER

AN BILL ERT SHEP DO

FOS DIN DAN HERD DUD

CLAU WOO DIE LEY POL

답: 213쪽

포츠 교수가 큰 곤란에 빠졌다. 그가 맡고 있는 박물관의 진열대 하나가 무너져 로마 황제의 흉상 10점이 산산조각이 난 것이다. 다행히 흉상마다 이름표가 붙어 있었다. 아래 이름표 조각들을 연결해보자. 황제들의 이름은 무엇일까?

AU PA TI VALE

DIO AU GAL CA

TUS LA US TRA

RO BA VES

IUS RIAN LI

JAN TIAN CLE

CL NE GU

DI SIAN

BER GUS

답: 213쪽

문제 091

한 음악가가 스튜디오를 비운 사이에 열린 창문을 통해 거센 바람이 불어와 악보가 다 흩어졌다. 글자 조각들을 연결해보자. 유명 작곡가 10명의 이름은 무엇일까?

BAR PUC RACH MAN
EL
IUS MAH ZART
RIM
SCHU SIB
SKY
CELL
KOR BERT US MO
OV
CI
DE SAKOV
NI IN
TOK LI LER PUR

답: 213쪽

아래에 있는 유명 배우 9명의 성과 이름을 연결해보자. 배우들의 이름은 무엇일까?

PAUL

JACOBI

RYDER

ROBERTS

HUSTON

DEREK

HOFFMAN

ARNOLD

MOORE

KINSKI

NEWMAN

DEMI

DUSTIN

ANJELICA

SCHWARZENEGGER

NASTASSJA

JULIA

WINONA

답: 214쪽

문제 093

아래 목록은 유명한 극작가들의 이름에서 모음을 빼고 성과 이름을 붙인 것이다. 극작가들의 이름은 무엇일까? 참고로, 괄호는 극작가의 국적이고 9번은 한 단어다.

1. DWRDLB (미국)
2. SMLBCKTT (아일랜드)
3. BRTHLTBRCHT (독일)
4. NLCWRD (영국)
5. NTNCHKV (러시아)
6. RTHRMLLR (미국)
7. LGPRNDLL (이탈리아)
8. JNRCN (프랑스)
9. SPHCLS (그리스)
10. TNNSSWLLMS (미국)

※힌트 : 극작가들의 대표작을 참고해보자.

1 누가 버지니아의 울프를 두려워하랴
2 고도를 기다리며
3 갈릴레오 갈릴레이의 생애
4 소용돌이
5 갈매기
6 세일즈맨의 죽음
7 작자를 찾는 6인의 등장인물
8 브리타니퀴스
9 오이디푸스 왕
10 욕망이라는 이름의 전차

답: 214쪽

아래 그림에서 미국의 유명 장소들의 이름을 찾아서 연결해보자. 장소의 이름들은 격자 안에 숨겨져 있고 가로, 세로, 대각선 어느 방향으로도 놓일 수 있다.

LINCOLN CENTER
GREENWICH VILLAGE
CHINA TOWN
UN HQ
GRAMERCY PARK
FLATIRON BUILDING
LITTLE ITALY
BROOKLYN
CARNEGIE HALL
YANKEE STADIUM
TIMES SQUARE
CITY HALL
GUGGENHEIM
HARLEM
SOHO
BRONX
MADISON SQUARE GARDEN

G	A	C	H	I	N	A	T	O	W	N	U	L	H	V	R	E	G	S	O
Z	R	B	L	T	N	O	S	I	D	A	M	I	Y	X	N	N	O	I	P
R	T	E	U	A	C	S	B	L	D	F	G	T	H	R	T	R	K	M	E
A	L	G	E	P	R	Q	Q	S	A	C	T	T	A	V	Z	Y	X	A	H
R	I	B	Q	N	Z	N	O	U	P	R	C	L	A	C	B	A	L	A	A
S	N	K	A	C	W	R	A	M	A	B	R	E	I	T	A	L	Y	I	L
D	C	G	E	L	E	I	O	N	D	R	O	N	N	O	T	T	I	L	N
G	O	H	A	T	M	N	C	E	W	C	E	T	A	H	S	T	L	U	E
S	L	W	N	A	V	E	S	H	E	Y	G	I	T	H	A	I	S	N	I
S	N	E	A	P	A	I	V	M	N	A	I	M	N	T	H	R	E	H	A
R	C	S	E	G	E	I	I	T	R	T	I	E	S	G	M	O	L	Q	N
C	I	T	Y	E	L	E	Y	O	D	E	N	S	Q	U	A	R	E	E	U
L	L	A	H	L	H	T	O	F	L	A	Y	T	A	D	I	U	M	R	M
L	T	O	A	N	B	R	O	N	X	C	S	P	A	R	K	N	I	S	L
I	K	G	E	E	G	E	T	T	R	I	E	E	K	N	A	Y	N	G	B
L	E	S	O	G	O	D	F	E	R	O	M	L	A	S	T	R	O	O	N
E	I	T	O	G	A	T	M	E	W	R	F	I	A	T	I	I	N	N	G
T	H	H	E	U	S	A	E	B	L	O	I	N	G	T	P	U	Z	B	Z
L	O	E	S	G	R	A	L	D	T	H	E	G	N	I	D	L	I	U	T
T	I	M	E	G	I	T	B	R	O	O	K	L	Y	N	I	S	A	P	A

답: 214쪽

이번에는 프랑스 파리다. 아래 그림에서 파리의 유명 장소들의 이름을 찾아서 연결해보자. 장소의 이름들은 격자 안에 숨겨져 있고 가로, 세로, 대각선 어느 방향으로도 놓일 수 있다.

MADELEINE	BOIS DE BOULOGNE	MOULIN ROUGE	OPERA
RUE DE RIVOLI	JARDIN DES PLANTES	GARE DE LYON	LOUVRE
MONTMARTRE	CHAMPS ELYSEES	PERE LACHAISE	CLICHY
SACRE COEUR	ARC DE TRIOMPHE	RUE LAFAYETTE	

M	I	F	T	E	P	Z	L	E	I	R	U	E	P	D	T	M	E	R	B
A	A	D	I	H	U	Z	N	E	S	H	A	L	E	R	O	H	N	E	O
N	G	D	H	T	E	I	E	M	S	A	A	E	R	M	S	U	E	M	I
C	H	H	E	S	E	Y	O	E	S	F	G	S	E	U	T	B	L	U	S
A	R	D	E	L	L	I	W	N	A	F	A	O	L	E	I	I	L	T	D
G	A	R	D	E	O	N	D	E	I	Y	Y	N	A	W	N	L	L	R	E
Y	T	R	E	O	A	M	T	H	M	R	E	I	C	L	H	R	A	S	B
O	D	E	C	H	D	E	P	E	O	W	T	L	H	T	E	Y	O	S	O
U	T	H	C	T	Y	A	R	S	P	S	T	E	A	F	R	A	N	U	U
M	E	A	T	H	E	C	O	M	E	O	E	D	I	O	D	E	G	O	L
M	J	A	R	D	I	N	D	O	U	L	E	G	S	S	A	C	R	E	O
C	H	C	T	P	R	E	E	R	N	H	Y	R	E	R	U	E	O	C	G
A	R	A	E	R	S	A	S	A	D	T	I	S	D	J	U	I	K	H	N
T	C	A	R	S	A	D	P	F	N	I	S	E	I	S	T	L	E	T	E
C	T	O	H	C	I	S	L	E	L	I	B	E	R	T	E	L	I	L	E
L	E	P	R	E	D	D	A	N	T	E	S	S	E	A	Y	L	T	T	S
I	Y	E	S	T	E	G	M	T	M	O	N	T	M	A	R	T	R	E	O
C	T	R	E	T	Y	R	U	E	D	E	R	I	V	O	L	I	D	O	N
H	H	A	R	W	A	T	H	E	Y	A	B	E	E	N	E	T	U	O	R
Y	N	D	I	O	M	P	H	E	H	V	E	L	O	U	V	R	E	E	A

답: 215쪽

마지막으로 영국 런던이다. 아래 그림에서 런던의 유명 장소들의 이름을 찾아서 연결해보자. 장소의 이름들은 격자 안에 숨겨져 있고 가로, 세로, 대각선 어느 방향으로도 놓일 수 있다.

REGENT'S PARK ZOO	CHARING CROSS	WESTMINSTER	SOHO
TOWER OF LONDON	KNIGHTSBRIDGE	HYDE PARK	WATERLOO
TRAFALGAR SQUARE	COVENT GARDEN	CHELSEA	KINGS CROSS
PICCADILLY CIRCUS	GOLDEN SQUARE	BUCKINGHAM PALACE	

A	N	O	W	T	H	W	E	S	T	M	I	N	S	T	E	R	E	K	R
B	C	L	A	Q	P	O	D	Y	U	P	D	P	Z	Z	L	E	F	I	I
N	I	H	T	S	I	H	E	S	T	I	Y	U	U	A	R	E	D	N	W
H	A	E	E	C	N	A	R	E	T	L	H	C	E	Q	S	E	P	G	E
O	P	R	R	L	C	E	G	O	L	I	N	G	I	T	S	O	C	S	O
U	I	G	L	O	O	A	H	I	U	W	P	S	R	O	M	R	E	C	C
A	S	N	H	T	H	A	D	T	S	H	W	H	C	U	S	A	A	R	T
I	G	C	W	A	S	O	H	O	N	I	T	T	O	K	O	H	G	O	E
R	E	I	R	S	I	M	L	J	G	T	I	N	G	N	W	L	M	S	Y
G	U	T	O	O	T	N	E	D	G	E	H	A	L	L	A	U	N	S	T
A	N	S	D	W	S	S	H	R	T	A	T	D	O	F	B	O	G	K	I
G	O	L	D	E	N	E	T	A	O	F	O	R	A	M	D	Y	N	T	R
O	L	E	B	S	O	U	K	G	W	E	Y	R	U	N	C	K	A	I	L
U	B	A	Q	S	L	R	T	T	E	L	T	F	O	A	P	L	G	H	T
E	I	U	F	Y	A	O	N	U	R	O	F	L	L	A	M	C	A	N	S
R	A	R	O	P	A	E	E	T	H	S	T	A	Y	A	U	E	A	B	Y
E	A	D	E	L	V	R	L	G	I	N	C	S	H	O	R	L	R	L	A
R	A	D	M	O	R	A	L	E	E	E	C	G	P	A	R	I	E	T	Y
E	Y	S	C	A	T	B	U	C	K	I	N	W	H	A	D	Y	N	O	U
H	N	O	T	C	H	E	L	S	E	A	J	O	E	G	R	K	Z	O	O

답: 216쪽

아래 격자에서 국제공항 3곳의 이름을 찾아서 연결해보자. 이름들은 마치 뱀이 기어다니듯 구불구불 이어져 있다. 하나를 찾는다면 나머지는 쉽게 발견할 것이다.

A	L	M	A	S
P	I	O	N	G
S	R	B	E	A
A	U	G	N	T
L	K	C	I	W

※**힌트 :** 이스라엘 – 벤구리온 공항, 영국 – 게트윅 공항, 스페인 – 라스팔마스 공항

답: 216쪽

아래 격자에서 국제공항 11곳의 이름을 찾아서 연결해보자. 이름들은 마치 뱀이 기어다니듯 구불구불 이어져 있다. 하나를 찾는다면 나머지는 쉽게 발견할 것이다.

D	A	L	A	M	A	N	D	A	R
E	H	M	A	A	L	A	S	S	E
R	O	N	E	B	I	T	T	E	N
A	C	A	R	K	Z	E	R	A	U
H	H	E	B	E	N	I	T	O	J
O	I	L	L	U	A	G	E	D	S
Y	M	S	O	C	H	A	R	L	E
O	I	A	P	L	E	N	O	T	S
C	N	H	C	I	T	Y	H	O	U
C	M	W	O	R	H	T	A	E	H

답: 216쪽

문제 099

뉴욕의 서로 다른 마을에 사는 부부 5쌍이 이혼했다. 그 후, 각자 나머지 4쌍 중 1명과 재혼했다. 재혼한 모든 부부는 전에 살던 마을을 떠났다. 누가 누구와 재혼했을까? 또, 그들의 옛날 집과 현재 집은 어디일까?

1. (현재) 포드 부인은 브롱크스에 산다. 전남편의 이름은 딕이고 그녀는 도나가 아니다.
2. (전에 퀸스에서 스미스 부인으로 지냈던) 애나는 조앤의 전남편과 재혼했고 현재 브루클린에 살고 있다.
3. (현재) 벳시 존스는 스태튼 아일랜드에서 이사 왔다. 집은 이혼하기 전에 맨해튼에 살았다.
4. 데이브 마틴과 조앤 마틴은 스태튼 아일랜드에 산 적이 없고, 바비는 현재 마틴 부인의 전남편이 아니다.

	전 부인	옛날 집	현재 부인	현재 집
바비 포드				
딕 존스				
짐 루이스				
데이브 마틴				
행크 스미스				

						남자의 현재 집					남자의 옛날 집				
	애나	벳시	도나	조앤	메리	브롱크스	브루클린	맨해튼	퀸스	스태튼아일랜드	브롱크스	브루클린	맨해튼	퀸스	스태튼아일랜드
바비 포드															
딕 존스															
짐 루이스															
데이브 마틴															
행크 스미스															
브롱크스															
브루클린															
맨해튼						여자의 옛날 집									
퀸스															
스태튼 아일랜드															
브롱크스															
브루클린															
맨해튼						여자의 현재 집									
퀸스															
스태튼 아일랜드															
바비 포드															
딕 존스															
짐 루이스						여자의 전남편									
데이브 마틴															
행크 스미스															

답: 217쪽

문제 100

같은 직장에 다니는 동료 5명이 매일 각자의 차를 타고 출근한다. 누가 어떤 차량을 운전하고, 얼마나 걸려 도착할까?

1. 폴린은 출근하는 데 스테이션 웨건의 운전자보다 2배의 시간이 걸리지만 세단을 운전하는 올리비아의 운전 시간에 비하면 4분의 1에 불과하다.
2. 네빌과 폴린의 운전 시간을 더하면 총 60분이다. 네빌이 운전대를 잡는 시간은 폴린의 운전 시간보다 5배 길다.
3. 컨버터블 운전자의 이동 시간은 네빌이 운전하는 시간의 2분의 1이다. 린다가 운전대를 잡는 시간은 마틴의 운전 시간보다 5배 길다.
4. 스포츠 카 운전자의 이동 시간이 가장 길고 밴 운전자의 이동 시간은 세단의 4분의 1이다.

	차량 종류	운전 시간
린다		
마틴		
네빌		
올리비아		
폴린		

		차량 종류					운전 시간				
		컨버터블	스테이션 웨건	세단	스포츠카	밴	5분	10분	25분	40분	50분
이름	린다										
	마틴										
	네빌										
	올리비아										
	폴린										
운전 시간	5분										
	10분										
	25분										
	40분										
	50분										

답: 217쪽

문제 101

"절대로 '그렇다'고 대답할 수 없는 질문이 뭘까?" 샘이 물었다.

"그런 것쯤이야." 조가 대꾸했다. "만약에 '당신은 고릴라입니까?'라고 물어보면 어때? 그러면 절대로 그렇다고 답하지 못할걸."

"아니, 할 수 있어." 샘이 말했다. "거짓말을 하면 되거든. 하지만 내가 생각하는 질문에는 아무리 얼굴이 두꺼운 거짓말쟁이라도 절대로 그렇다고 하지 못할 거야."

샘이 생각하는 질문은 무엇이었을까?

답: 218쪽

문제 102

1 반지름 6미터짜리 원형 연못의 정중앙에 수련 잎이 떠 있고, 그 위에 개구리 한 마리가 앉아 있다. 처음에 녀석은 연못 가장자리를 향해 3미터나 껑충 뛰었지만 힘이 들어 바로 전에 뛴 거리의 절반만큼만 가기로 했다. 다음에는 1.5미터, 그 다음에는 75센티미터로 거리를 좁혀서 뛰었다. 개구리가 연못 끝에 닿으려면 총 몇 번이나 뛰어야 할까?

2 LP 레코드판에는 홈이 몇 개나 파여 있을까?

3 '모든 물고기의 피는 따뜻하다'와 '모든 물고기는 따뜻한 피를 가지고 있다' 중 맞는 표현은 무엇일까?

4 알렉스와 조지나는 같은 병원, 같은 엄마 배에서 한날한시에 태어났다. 둘은 아버지도 같지만 쌍둥이는 아니다. 어떻게 된 것일까?

답: 218쪽

문제 103

1 데이브가 삼촌과 함께 영화를 보러 갔다. 두 사람은 매표소로 향했고 평소처럼 데이브가 관람료를 내려고 했다. 하지만 직원이 데이브에게 이렇게 말했다.

"당신은 들어가도 되지만 일행은 안 되는데요."

어째서 데이브의 삼촌은 들어갈 수 없었을까? 옷차림도 단정했고 여태껏 아무 문제없이 입장해왔는데 말이다.

2 페코스 지역 서쪽의 작은 마을에 위치한 한 주점에서 외눈박이 피트와 친구들이 둘러앉아 포커 게임을 하고 있었다. 게임을 한 남자는 총 다섯 명이었는데, 마치 세상에서 가장 험상궂은 덩치들만 뽑은 것 같았다.

판이 여러 번 돈 뒤에 한 남자가 딜러를 갈구며 느릿느릿 말했다. "여봐, 지금 속임수 쓰는 거 아냐?" 그는 곧 자신이 실수했음을 깨달았지만 딜러의 총에 죽고 말았다.

현장에 도착한 거구의 보안관은 언제나 허리춤에 콜트 45구경 권총 두 자루를 차고 다녔다. 그는 워낙 사납고 폭력적이어서 누구라도 입에 담을 수 없는 무시무시한 방법으로 처치할 수 있는 사람이었다. 그러나 증인과 증거가 확실한 이 사건에서 보안관은 피해자와 같은 테이블에 있었던 어느 남자도 체포할 수 없었다. 왜 그랬을까?

답: 218쪽

문제 104

1 수 슈거 양은 충치 때문에 마을에 하나밖에 없는 치과를 찾았다. 몰러 박사와 비커스피드 박사, 두 명의 치과의사가 같이 운영하는 곳이었다. 그런데 그녀가 보기에 몰러 박사는 흠 하나 없이 완벽한 치아를 가지고 있는 반면 비커스피드 박사의 치아는 당장 치료를 시작해야 할 것 같았다. 그녀는 어느 의사에게 예약을 잡아야 할까?

2 남자 여섯 명이 차를 타고 240km를 100km/h의 속도로 달렸다. 총 소요 시간은 2시간 24분이었다. 그런데 그들은 짐을 내리고 나서야 오는 내내 바퀴 하나가 펑크가 나 있었다는 사실을 발견했다. 어떻게 이것을 몰랐던 것일까?

답: 218쪽

먼 옛날 바그다드에 알리 벤-이브라힘이라는 소금 장수가 있었다. 매일 아침 그는 당나귀 등에 큰 소금 자루 두 개를 얹고 집에서 나와 시장으로 향했다. 그의 당나귀는 냄새가 고약하고 꾀죄죄했지만 겉모습과 달리 매우 영리했다.

무더운 어느 날, 티그리스 강둑을 따라 걸어가고 있었다. 갑자기 당나귀가 시원한 강물로 첨벙 뛰어드는 것이 아닌가. 화가 머리끝까지 치밀어 오른 알리가 당나귀를 간신히 물 밖으로 끌어냈지만, 이미 소금 대부분은 물에 녹아 자루가 깃털처럼 가벼워진 뒤였다. 그날 이후, 알리가 당나귀를 아무리 어르고 달래도 당나귀는 기어코 강물에 뛰어들어 소금을 녹여버렸다.

어느 날 그는 당나귀가 강으로 돌진하도록 내버려두었다. 잠시 후, 당나귀는 크게 후회하고 주인을 골탕 먹이는 짓을 더 이상 하지 않았다. 알리는 어떻게 한 것일까?

답: 219쪽

문제 106

1 경찰서에 교통사고 한 건이 접수되었다. 다리가 무너지면서 그 위를 지나던 트럭 한 대와 승용차 열두 대가 부서진 것이다. 트럭은 심하게 망가졌지만 다행히 운전기사는 상처 하나 없이 차에서 빠져나왔다. 그러나 경찰이 현장에 도착했을 때 승용차의 운전자는 단 한 명도 보이지 않았다. 게다가 사고에 항의하는 승용차 운전자도 없었다. 어떻게 된 것일까?

2 1년 가운데 2월은 날짜가 28일이거나 29일이다. 그렇다면 30일이 있는 달은 얼마나 될까?

3 샘 미다스가 일이 끝난 뒤 아내에게 전화를 걸었다.
"여보 나야, 지금 출발하니 10분이면 집에 도착해."
아내가 대답했다. "알았어요. 조금 이따가 봐."
그의 사무실은 집에서 매우 가까웠다. 그가 사무실을 나선 시간은 6시 30분이었고 집에 도착한 시간은 6시 43분이었다. 그가 차에서 내리는 순간 아내가 달려와 따귀를 때리더니 이렇게 말했다. "또 다시 그랬다간 이혼할 줄 알아!" 샘은 무슨 짓을 한 것일까?

4 한 여자가 거지의 동냥 그릇에 동전 몇 개를 떨어뜨렸다. 여자는 거지의 동생이지만 거지는 여자의 오빠가 아니었다. 그들은 무슨 관계일까?

답: 219쪽

문제 107

1 차 사고가 났다. 경찰이 현장에 도착했을 때 남자는 이미 죽은 채로 차 밑에 깔려 있었다. 수사 결과, 그 남자가 차 주인은 아니었지만 마지막으로 차를 몰았던 사람으로 밝혀졌다. 차의 마지막 운행 시간은 사건 당일 아침이었지만 남자의 사망 시간은 오후 3시경이었다. 그 시간에 차 주인은 프랑스 남부에 있었던 것으로 확인되었다. 이 사건과 연루된 사람은 죽은 남자 외에는 아무도 없었다. 결국 경찰과 검시관은 이 사건이 범죄사건이 아니라는 결론을 내렸다. 과연 무슨 일이 있었던 것일까?

2 앤디의 이모는 미국인과 결혼해 로스앤젤레스로 이사를 간 뒤에 연락이 끊겼다. 그러던 어느 날, 앤디 가족은 이모가 무려 25년 만에 휴가를 보내러 돌아온다는 소식을 들었다. 어머니는 앤디에게 항공편 번호를 알려주고 공항에 마중을 나가라고 부탁했다.

"그런데 이모를 어떻게 알아보죠? 사진으로도 본 적이 없는걸요?"

앤디가 묻자 어머니가 신이 난 목소리로 말했다.

"걔도 어떤 식으로든 널 본 적이 없지. 하지만 걱정하지 마라. 절대로 못 알아볼 리 없으니까."

과연 어머니의 말은 옳았다. 어떻게 이것이 가능했을까?

답: 219쪽

문제 108

1 짐 화이트는 지난 5년 동안 축구팀을 성공적으로 이끌었다. 그러나 그 팀은 브라질에게 참패했다. 짐은 격분한 채 그 광경을 지켜봤다. 그의 진심 어린 조언과 격려를 아무도 귀담아듣지 않았던 것이다. 그는 침통한 심정에 거의 흐느껴 울 지경이었다. 마침내 치욕스러운 경기가 끝나고 브라질이 기록에 남을 큰 점수 차로 승리를 거머쥐었다. 그런데 이상하게도 다음 날 신문에는 짐을 비난하기는커녕 칭찬하는 기사 일색이었다. 어떻게 된 것일까?

2 한 남자가 고장 난 차를 고치려고 정비소를 찾아갔다. 그러나 수리공이 손을 다쳐 고칠 수 없다고 했다. 정비소 오는 데 들인 시간이 아깝다고 생각한 그는 세차라도 하기로 했다. 자동차 지붕을 닫고 라디오 안테나를 분리한 뒤, 차를 자동 세차장 입구에 세우고 밖으로 나왔다. 그러나 자동 세차 과정이 시작되는 순간 그는 갑자기 소리를 질렀다. 왜 그런 것일까?

답: 219쪽

문제 109

1 길을 따라 걸어가는 중에 갑자기 굉음이 들렸다. 주위를 둘러보니 사방에 시체가 처참하게 널브러져 있었다. 폭탄이 터진 것이다. 그런데 현장에서 불과 몇 발자국 떨어져 있지 않던 한 사람은 흠집 하나 없이 멀쩡했다. 어떻게 된 것일까?

2 병원을 극도로 무서워하는 한 남자가 어느 날 자신의 머리에 검은색 물체가 무성하게 자라난 것을 발견했다. 그는 약물 치료나 외과 수술을 받지 않고도 이 물체를 완벽하게 제거하는 데 성공했다. 과연 어떻게 한 것일까?

3 아일랜드 남자보다 잉글랜드 남자들이 비누를 더 많이 사용하는 이유는 무엇일까? 더 청결한 것도 아닌데 말이다.

4 한 도박꾼이 카드 3장으로 다른 플레이어들과 내기를 했다. 첫 번째 카드는 양쪽이 모두 빨간색이었고 두 번째 카드는 한쪽은 빨간색, 다른 한쪽은 흰색이었다. 세 번째 카드는 양쪽이 모두 흰색이었다.

도박꾼은 빨간색이 위로 오도록 카드 1장을 테이블에 올려놓고 말했다. "이 카드의 양쪽 모두가 흰색일 리 없으니 다른 한쪽이 빨간색이거나 흰색일 겁니다. 자, 이러면 게임이 더 쉬워지죠? 당신들이 색깔 하나를 골라 10달러씩 걸면 나는 그 반대 색깔에 10달러를 걸겠습니다." 그렇다면 도박꾼이 이길 확률은 정확히 얼마일까?

답: 219쪽

문제 110

1 어느 소도시의 시장이 한 이발사에게 약점을 잡혔다. 이발사는 이를 악용해 법을 만들었다. 누구든지 수염을 기르거나 면도를 해서는 안 된다는 내용이었다. 이 법 덕분에 이발소는 늘 문전성시를 이루었다. 문제는 법을 만든 자신도 예외가 아니라는 것이다. 과연 이발사의 면도는 누가 해주었을까?

2 국제 멘사 회장인 빅터 세리브리아코프는 고강도 산(酸)에 관한 시를 한 수 지었다. 그 산은 워낙 독해서 어떤 물질이든 형체도 없이 녹일 수 있었다. 하루는 영국 멘사 회장이자 발명가인 클라이브 싱클레어 경이 오랜 친구 빅터에게 전화를 걸어 놀라운 소식을 전했다.

"빅터, 못 믿겠지만 말이야, 내가 자네의 시에 나오는 산(酸)을 실제로 만들었어. 지금 당장 유리병에 담아 가져갈 테니 거기서 잠깐만 기다리게." 빅터는 전화를 끊고 혼자 낄낄대며 웃었다. 빅터는 친구가 농담하고 있다는 것을 어떻게 알았을까?

답: 220쪽

문제 111

1 이른 아침, 한 청각 장애인이 강에서 수영을 하는 사람을 바라보고 있었다. 이때 누가 봐도 상어의 등지느러미인 것이 물살을 가르며 그 사람에게 돌진하고 있었다. 청각 장애인은 수영하는 사람에게 이 사실을 어떻게 알렸을까?

2 북풍(北風)과 북로(北路)의 차이점은 무엇일까?

답: 220쪽

문제 112

1 차 뒷좌석에 수평 측정기가 놓여 있다. 차가 급회전을 하면 측정기의 기포가 인도와 도로 중에서 어느 쪽으로 이동할까?

2 젊은 부부가 건축업자와 함께 신축 주택을 둘러보고 있었다. 그들이 침실에 도착했을 때 건축업자가 양해를 구하며 창문 밖을 내다보았다. 그러더니 갑자기 창문을 거칠게 열어젖히고는 소리쳤다. "녹색이 위라니까, 찰리! 녹색이 위!" 그는 뒤돌아서서 미안하다는 표정으로 최근에 좀 모자라는 신참이 하나 들어왔다며 설명했다. 하지만 그 이후에도 그는 부부와 대화를 나누는 동안에도 여러 번 창문을 열고 찰리에게 똑같이 소리쳤다. 그는 왜 그랬을까?

3 스코틀랜드 북동부에 있는 한 작은 섬에는 육지로 연결된 '대서양 횡단 다리'가 놓여 있다. 섬 주민들은 다리가 놓인 지점에서 대서양의 폭이 겨우 몇 미터밖에 안된다며 너스레를 떨었다.
우편 배달부 맥레오드는 매일 아침 밴을 타고 다리를 건너 섬 주민들에게 우편물을 전달했다. 한편 우유 배달부인 캠벨 역시 배달을 마친 뒤에 자신의 밴을 타고 다리를 건넜다. 1차선인 다리에는 갓길이 없어 양보를 하고 싶어도 할 수 없다. 그동안 두 사람은 어떻게 다리에서 사고 한 번 안 났을까?

4 할아버지, 동생, 처남, 엄마, 이모 중에서 다른 하나는 무엇일까?

5 민키 섬 주민들에게 6월 31일이 매우 중요한 이유는 무엇일까?

6 우리 주변에는 길이가 무려 10만여 킬로미터나 되는 터널이 있다. 이 터널은 무엇일까?

답: 220쪽

문제 113

세계 온난화를 주제로 컨퍼런스가 열렸다.

"온실가스를 둘러싼 이 모든 노력들이 헛짓임을 증명할 수 있습니다." 한 과학자가 단호하게 말했다. "매년 지구의 온도가 조금씩 상승할 때마다 다섯 달 뒤에야 대기 중 이산화탄소의 양이 증가합니다. 따라서 순서상 이산화탄소는 지구 온도 상승의 원인이 아닙니다."

그가 펼치는 논리는 과연 맞는 것일까?

답: 220쪽

문제 114

1 케임브리지셔의 교구 목사는 '알프레드 화이트'라는 사람 앞으로 된 작은 소포를 받았다. 이는 독일에서 온 것이었다. 목사는 전화번호부를 뒤졌지만 마을에 그런 이름을 가진 사람은 없었다. 마을을 돌며 수소문하던 중에 주점에서 그와 관련된 이야기를 들었다. 오래 전 마을에서 그 이름을 가진 사람이 살다가 제2차 세계 대전 후에 독일 여자와 결혼하려고 프랑크푸르트로 떠났다는 것이다. 과연 소포에는 무엇이 들어 있었을까?

2 소년 둘이 영화를 보고 나오는 길이었다. "공룡이 원시인을 다 먹어 치우는 장면이 마음에 들었어." 한 소년이 말했다. 친구가 대답했다. "바보 같은 소리 하지마." "티라노사우르스는 역사상 가장 무시무시한 파충류였어! 당연히 덜 떨어진 원시인 몇 명쯤은 한입거리지!" "아니라니까!" 둘 중 맞는 말을 하는 것은 누구일까?

3 댄이 자동차의 고장 난 펌프를 쳐다보았다. "아직 2년도 안 된 건데." 댄이 불평하자 친구는 이렇게 말했다. "있잖아, 난 이미 30년 된 펌프를 갖고 있어. 하지만 앞으로 60년은 거뜬히 쓸 거야." 댄은 못 믿겠다는 표정을 지었지만 친구는 단호했다. 친구는 왜 이런 말을 했을까?

답: 220쪽

문제 115

1 이것은 실제로 있었던 이야기다. 한 사이클 선수가 자전거를 타고 속력을 내다 낙상해 오른손의 뼈가 산산조각이 났다. 병원에서 치료를 받은 후 그의 오른손 상태는 많이 나아졌다. 어느 날 한 상담사가 수업시간에 학생들에게 이 사례를 소개했다. "이 남자는 프로 사이클 선수가 아닙니다. 원래 직업은 그래픽 디자이너지요. 사고 후 그가 직장에 복귀하는 데 시간이 얼마큼 걸렸을까요?" 사고 직후 찍은 그의 오른손 엑스레이 사진을 본 학생들은 다양한 의견을 내놓았다. 그가 직장에 복귀하는 데 시간이 얼마나 걸렸을까?

2 만약에 시간을 거슬러 5초 정도 사라졌다가 아까 있었던 장소에 정확히 그 시간으로 다시 돌아온다면 어떤 일이 벌어질까?

답: 221쪽

문제 116

1 딕은 상사 부부가 초대한 중요한 저녁 모임에 나가기 위해 옷을 차려입고 있었다. 부부는 밖에서 그를 기다리고 있었다.
갑자기 일이 터졌다. 양말도 신지 않았는데 정전이 된 것이다. 다행히 그는 서랍에 검은색 양말과 남색 양말 각각 12켤레씩을 보관하고 있었다. 하지만 이 양말들은 섞여 있다. 양말을 짝짝이로 신지 않으려면 최소 몇 짝이나 꺼내야 할까?

2 데이브와 애나는 새 집을 꾸미기 위해 인테리어 용품점에 들렀다. "하나는 얼마예요?" 데이브가 묻자 점원이 대답했다. "3달러입니다." "20은 얼마예요?" "그건 6달러입니다." "우리는 2042가 필요해요." 데이브와 애나는 어떤 물건을 샀고 얼마를 냈을까?

답: 221쪽

문제 117

1 프리다는 남편 앤디를 시카고 공항에 데려다주고 앤디가 7시 15분 런던행 비행기에 탑승하는 모습까지 보았다. 집에 돌아온 프리다는 7시 15분 런던행 비행기가 이륙하자마자 폭발해 전원 사망했다는 소식을 들었다. 하지만 이상하게도 그녀는 아무렇지도 않은 듯 남편을 위한 저녁 준비를 시작했다. 왜 그랬을까?

2 단짝친구인 댄과 데이브가 작은 배를 타고 낚시를 하러 나갔다. 그런데 상어 한 마리가 나타나 그들의 주위를 맴돌기 시작했다. 두 사람이 배를 움직이려고 할 때마다 상어와 부딪혀 보트가 뒤집힐 뻔했다. 결국 댄이 말했다. "걱정 마. 이대로 기다리다가 녀석이 지쳐 잠이 들면 그 틈에 도망가면 되잖아."
과연 현명한 생각이었을까?

3 금요일 밤에 두 아버지와 두 아들이 기분 좋게 술 한 잔 하러 집을 나섰다. 그들은 술집에서 총 15달러를 지불했다. 한 사람당 쓴 돈은 얼마일까?

답: 221쪽

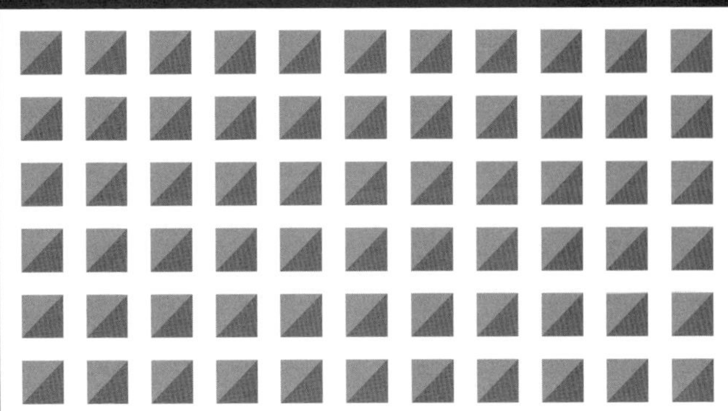

언어 추리

눈에 보이는 대로 생각하지 말 것! 평범한 사고에서 벗어나 퍼즐을 바라보자. 때론 기지를 발휘해 정답에 다가서라.

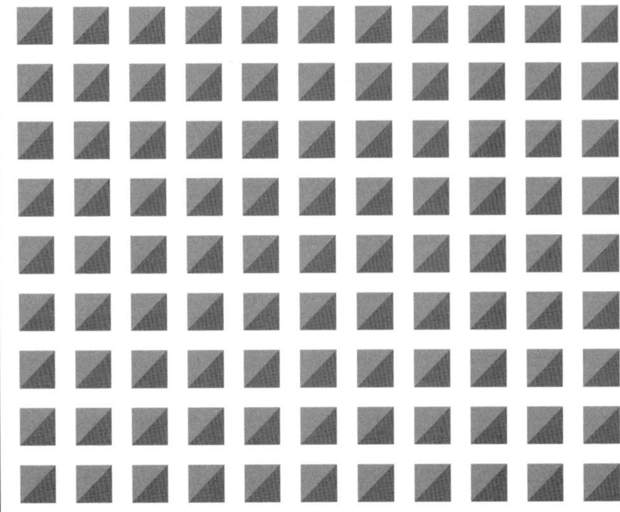

오래전에 영국은 1파운드짜리 금화를 사용했다. 1883년에 금화를 만들 때 1884년의 금화와 똑같은 양의 금이 들어갔다. 그렇지만 1884 금화는 1883 금화보다 가치가 더 높다. 왜 그런 것일까? 참고로, 1883년에 특별히 중요한 역사적 사건이 일어나지는 않았다.

답: 221쪽

문제 119

1 리처드 버턴 경이 나일 강의 수원을 찾기 전에 세계에서 가장 긴 강은 무엇이었을까?

2 남극 탐험가들은 굶어 죽기 십상이지만 사냥 도구를 가지고 있더라도 북극곰은 절대로 건드리지 않았다. 왜 그런 것일까?

3 중앙아시아의 주술사들은 두꺼운 벽을 통과할 수 있는 기발한 방법을 알고 있었다. 어떤 방법이었을까?

4 18세기 초에 매사추세츠 주 케임브리지에 사는 에비게일 아이슈랭크 부인은 열세 명의 자녀를 낳았다. 그 중에 정확히 절반이 여자아이였다. 어떻게 된 것일까?

5 레오나르도 다빈치가 실험을 했다. 두께가 얇아 깨지기 쉬운 유리구슬을 2미터 높이에서 들고 있다가 단단한 돌바닥으로 떨어뜨렸다. 그런데도 유리구슬은 깨지지 않았다. 어떻게 이것이 가능할까?

답: 221쪽

문제 120

1993년에 78세의 군인 노보루 야마모토가 태평양 외딴섬에서 발견되었다. 그는 제2차 세계 대전이 아직 끝나지 않았다고 철석같이 믿고 있었다. 그는 오랜 고민 끝에 귀국하기로 결심했다. 그를 고국에서 기다리고 있는 것은 유족 몇 명과 벌떼 같은 기자들이었다. 그런데 갑자기 한 젊은 남자가 군중 앞으로 튀어나오더니 야마모토를 향해 몇 방 터뜨리고는 홀연히 사라져버렸다. 왜 그랬을까? 그 젊은 남자는 야마모토와 아는 사이가 아니었고 그에게 복수할 이유도 없었다.

답: 221쪽

1 몸에 점이 21개가 나도 병이 아닌 것은 무엇일까?

2 사람이 발명한 것 중에 최초로 음속보다 빨리 움직이는 물건은 무엇일까?

답: 222쪽

미국 서부 개척기의 이야기다.

한 남자가 교외에 목장을 꾸리며 살고 있었다. 어느 날 밤, 아내가 갑자기 아파서 그는 의사를 데려오기 위해 시내로 나가야 했다. 그에게는 말(horse) 세 마리가 있었지만 한 마리는 병이 들었고 또 한 마리는 장거리를 달리기엔 너무 늙었다. 그는 마지막 한 마리도 탈 수 없었다. 얼마 전에 구입한 것이고 아무런 문제가 없었는데 말이다. 게다가 마구간에는 안장과 고삐도 충분히 있었다. 무엇이 문제였을까?

답: 222쪽

문제 123

1 프랑스를 출발해 독일로 향하던 열차가 정확히 국경 지점에서 끔찍한 사고를 당했다. 국제법에 따르면 사고 생존자들은 어느 땅에 묻혀야 할까?

2 달에도 지진 (earthquake)이 날까?

답: 222쪽

문제 124

1 지루하고 고된 항해를 마치고 배(ship)가 목적지에 도착했다. 그런데 주위 어디에도 물 한 방울 보이지 않는다. 사실 물은 처음부터 없었고 출발하기 전부터 모두 알고 있던 사실이다. 그렇다면 이곳 바다로 배를 몰고 온 이유는 무엇일까?

2 시드 라이틀리라는 상인은 늘 사람들이 진실을 알리기만 한다면 또는 더 젊게 보이려고 애쓰지만 않는다면 그가 물건을 더 많이 팔 수 있다고 말한다. 그가 만들어 파는 물건은 무엇일까?

3 토머스와 크레이그는 조개껍데기를 줍기 위해 가방을 가지고 길을 나섰다. 가방 크기를 모르는 상태에서 빈 가방에 조개껍데기를 몇 개나 담을 수 있을까?

4 생선 장수인 앨버트 콜리는 신발을 벗고 측정한 키가 2미터나 되고 옷은 XXL 사이즈를 입으며 신발 사이즈는 320이나 된다. 그런 그가 무게를 재는 것은 무엇일까?

5 어느 날 저녁 샘 소너런트는 푹 자고 싶었다. 30년 된 알람 시계를 9시로 맞추고 저녁 8시 30분에 잠자리에 들었다. 샘은 과연 얼마나 잤을까?

6 한밤중에 빠른 속도로 달리던 차가 갑자기 고장이 나서 멈췄다. 남자는 사람들에게 도움을 청하러 나가야 했지만 늦은 시간에 아내를 길가에 혼자 두고 오는 것이 마음에 걸렸다. 하지만 아내와 함께 밤길을 돌아다닐 수도 없는 노릇이었다. 결국 그는 아내에게 차의 문과 창문을 모두 걸어 잠그고 자신이 돌아올 때까지 차 안에서 기다리라고 신신당부했다. 아내는 시키는 대로 했다. 그러나 돌아와 보니 아내가 낯선 사람 두 명과 함께 있었다. 과연 무슨 일이 있었던 것일까?

답: 222쪽

문제 125

칼릴 벤 오마르가 바그다드의 새 왕이 되었다. 즉위한 지 얼마 안 되었을 때 한 고문이 당나귀를 타고 성문으로 들어오는 꾀죄죄한 행인을 가리키며 그에게 말했다.

"저 남자는 파키스탄에서 온 줄피카 칸이라는 상인입니다. 겉모습으로 판단해 우습게 본다면 큰코다치십니다. 수년 동안 밀수로 떼돈을 벌어 어마어마한 부자가 되었지만 아직 한 번도 잡힌 적이 없는 자니까요." 흥미를 느낀 왕은 사내가 성을 출입할 때마다 뭔가를 감추고 있지 않은지 몸수색을 철저히 하라는 명령을 내렸다. 그러나 줄피카가 당나귀를 타고 오전에 성에 들어올 때는 물론이고 저녁에 다시 당나귀를 타고 나갈 때도 매번 그를 샅샅이 뒤졌지만 아무것도 발견할 수 없었다. 그런데 신기하게도 그의 재산은 날이 갈수록 불어났다. 더 이상 궁금증을 참을 수 없게 된 왕은 줄피카를 불렀다.

"좋아, 그대가 이겼다. 여러 해 동안 밀수를 해왔지만 단 한 번도 꼬리를 잡히지 않았지. 도대체 어떻게 한 건지 알려줄 수 있겠는가? 알려준다면 내 딸을 자네에게 주고 자네를 바그다드에서 가장 부유한 사내로 만들어주겠네."

과연 줄피카가 밀수한 물건은 무엇이었을까?

답: 222쪽

문제 126

1 시애틀에 살고 있는 남자가 버밍엄에 묻힐 수 없는 이유는 과연 무엇일까?

2 영국에도 미국의 독립 기념일인 7월 4일이 있을까?

3 데이브와 밥 형제는 수, 해나와 결혼했다. 이 둘은 자매들이다. 하지만 데이브와 밥은 처가 식구가 다르다. 어떻게 된 것일까?

답: 222쪽

위건 필하모니아 오케스트라는 창단 이후 처음으로 전국 순회공연에 나섰지만 일이 잘 풀리지 않았다. 그들이 연주할 때마다 혹평이 쏟아졌고 특히 지휘자(conductor) 앨버트 윈터버텀에게 비난의 화살이 집중되곤 했다.

어느 날 저녁, 유난히 엉망진창이었던 공연이 끝나고 한 관객이 벌떡 일어나 소리쳤다. "윈터버텀! 이 뻔뻔한 작자! 이렇게 아름다운 곡에 그런 짓을 하다니, 그 따위로 할 거면 때려치워!" 더 이상 비난을 참을 수 없었던 앨버트는 총을 꺼내 모두가 보는 앞에서 남자를 쏘아 죽였다. 재판이 열렸고, 그에게 전기의자 사형 판결이 내려졌다. 하지만 사형 집행을 할 때마다 윈터버텀은 번번이 되살아났다. 전기의자를 분해해서 점검하고 다시 조립하기도 했지만 유독 그에게만 작동하지 않았다. 왜 그런 것일까?

답: 222쪽

문제 128

1 그리블 경위는 순찰을 하다 어린 소녀가 골목 모퉁이를 도는 것을 보았다. 그는 소녀가 지나칠 때 잠깐 미소를 지어 보였을 뿐 큰 관심을 두진 않았다. 그러나 몇 분 뒤에도 아까 그 소녀는 같은 골목을 돌아 다시 그를 지나쳤다. 소녀는 골목을 세 번이나 돌았고 그를 지나칠 때마다 점점 더 불안해 보였다. 마침내 그는 소녀를 불러 세워 물었다. "왜 같은 길을 계속 빙빙 돌고 있니?" 소녀는 과연 뭐라고 대답했을까?

2 에밀리는 정원 연못에 개구리가 앉아 있는 것을 볼 때마다 기분이 좋았다. 어떤 때는 큰 녹색 개구리가, 어떤 때는 갈색 개구리가 앉아 있었고 작은 개구리들이 나타나기도 했다. 그러던 어느 날, 에밀리는 연못에 몇 마리의 개구리가 사는지 궁금해졌다. 그러나 직접 셀 때마다 그 숫자가 달랐다. 여섯 마리라고 확신하면 뜬금없이 새로운 개구리가 나타나는 것이다. 연못의 물을 전부 빼지 않고도 개구리 수를 정확히 알아내는 방법이 있을까?

답: 223쪽

문제 129

1 거울 앞에 서면 마치 왼손이 오른손, 오른손이 왼손인 것처럼 보인다. 말하자면 좌우가 뒤집힌 것이다. 그렇다면 거울에서 위아래가 뒤집힌 것처럼 보이지 않는 이유는 무엇일까?

2 손(hand)이 3개인데, 두 번째 손(second hand)이 사실은 세 번째 손인 것은 무엇일까?

3 두 남자가 살인 혐의로 체포되었다. 한 명은 유죄였고 다른 한 명은 무죄였다. 판사는 무죄인 남자를 풀어주면서 유죄인 남자를 처벌하는 방안을 놓고 고심했다. 결국 그는 저명한 의사를 찾아가 조언을 청했다. 왜 판사는 의사를 찾아갔을까?

4 알렉이 수업시간 내내 히죽거리며 앉아 있었다. 생물 선생님은 화를 참으면서 물었다. "뭐 재미있는 거라도 있니?" 알렉이 큰 목소리로 말했다. "다리가 4개에 팔이 2개인 것이 무엇인지 아세요?" 선생님은 아무리 생각해봐도 그러한 모습의 생물이 도통 떠오르지 않았다. 알렉이 말한 것은 무엇이었을까?

5. "북극에서 남극까지 비행기로 세계 일주하실거라면서요?" 청년이 조종사에게 말했다. "극지방을 지날 때 따뜻한 속옷만 잘 챙겨 입

으면 걱정 없습니다!" 조종사의 호언장담에 청년이 대답했다. "솔직히 저는 거기보다도 훨씬 더 추운 곳을 두 번이나 지나가야 한다는 게 더 걱정이에요." 청년은 왜 이런 말을 했을까?

답: 223쪽

샘의 삼촌은 틈만 나면 자신의 전쟁 무용담을 떠벌리곤 했다. 하루는 젊은 시절 노르망디 작전에서 한 대대를 이끄는 중대장으로서 엄청난 수적 열세에도 전투를 대승으로 이끌고 적군을 섬멸했다며 자랑하고 있었다. 모든 것이 자신의 지략과 애국심 덕분이었다는 것이다.

샘이 불쑥 끼어들었다. "삼촌, 그거 다 허풍이잖아요!"

당시 상황에 대해 아무것도 모르는 샘은 삼촌이 거짓말하는 것을 어떻게 알았을까?

답: 223쪽

문제 131

1 마음껏 쓸 수 있지만 돈 주고 살 수 없는 것은 무엇일까?

2 맨홀 뚜껑이 주로 원형인 이유는 무엇일까?

답: 223쪽

옛날 스코틀랜드 초등학교에서는 아래의 수수께끼가 유행이었다. "콘스탄티노플(Constantinople)은 엄청 어려운 단어지만 그것의 스펠링을 바르게 쓰지 못하면 넌 심각한 멍청이야!" 왜 그런 것일까? 아래 메모를 참고해보자.

'Constantinople is a very big word
and if you can't spell it you're a
very big dunce!'

답: 223쪽

문제 133

1 옛날 옛적에 인도의 여왕이 말 두 마리를 이끌고 이웃나라 왕을 격파하기 위해 떠났다. 오랜 시간 격렬한 전투가 이어졌고 결국 왕의 병사들이 모두 죽었다. 하지만 전투가 끝나고 보니 승자와 패자 모두가 같은 장소에 나란히 누워 있었다. 어떻게 된 것일까?

2 아무도 원하지 않으면서도 잃고 싶지 않는 것은 무엇일까?

답: 223쪽

문제 134

단체로 멘사 회원들이 시계 박물관을 둘러보고 있었다. "침 개수가 가장 적은 시계는 무엇일까요?" 큐레이터의 물음에 한 명이 대답했다. "해시계요." 당황한 큐레이터는 한 번 더 질문했다. "맞아요. 그렇다면 침 개수가 가장 많은 시계는 무엇일까요?" 이번에는 아무도 나서지 않고 오랜 침묵만 이어질 뿐이었다. 답은 무엇일까?

답: 223쪽

오케스트라에서 이 물건이 없으면 악기 연주가 이루어지지 않는다.
이것은 입으로 불거나 손으로 튕기거나 두드릴 수 없다.
이 물건은 무엇일까?

답: 224쪽

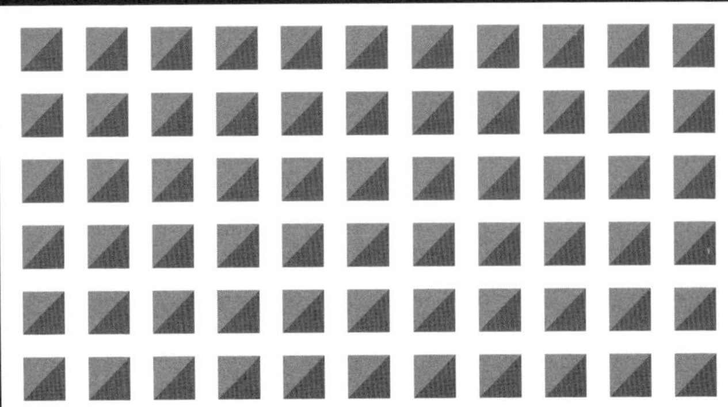

공간 지각

머릿속에서 도형을 자유자재로 그릴 수 있는가?
초특급 수평사고를 위한 훈련을 시작해보자.

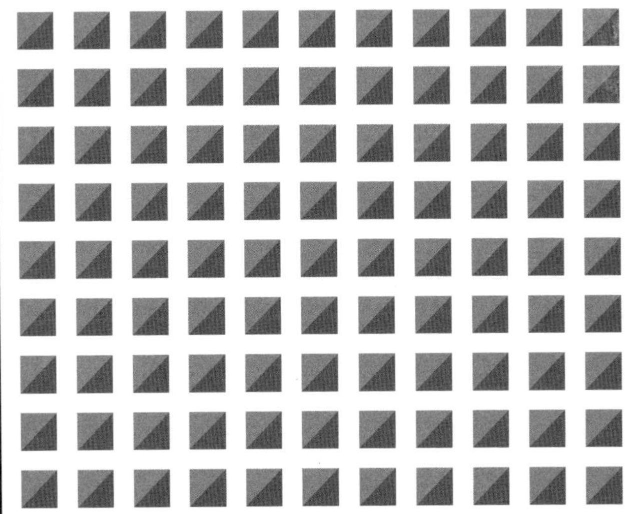

문제 136

1 아래 그림은 올리브가 들어 있는 마티니 잔을 성냥개비로 표현한 것이다. 성냥개비 1개만 움직여 올리브를 유리잔 밖으로 꺼내려면 어떻게 해야 할까?

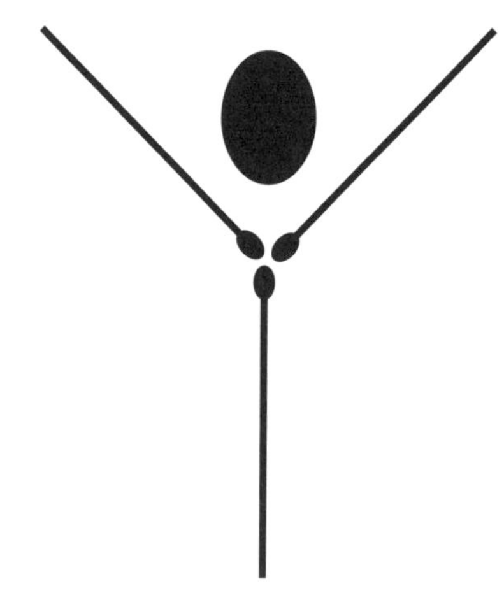

2 이 문제는 미국에서 아주 오래되었지만 여전히 인기가 높다. 아래 그림은 둥근 식탁보다. 먼저 달걀 하나를 식탁보 위에 올려놓는다. 그러면 상대방도 똑같이 한다. 서로 번갈아가며 달걀을 놓는다. 단, 달걀끼리 서로 닿아서도, 한 번 놓은 달걀을 다시 움직여서도 안 된다. 마지막으로 달걀을 놓는 사람이 이기는 게임이다.

여기에는 절대로 지지 않을 방법이 하나 있다. 과연 무엇일까?

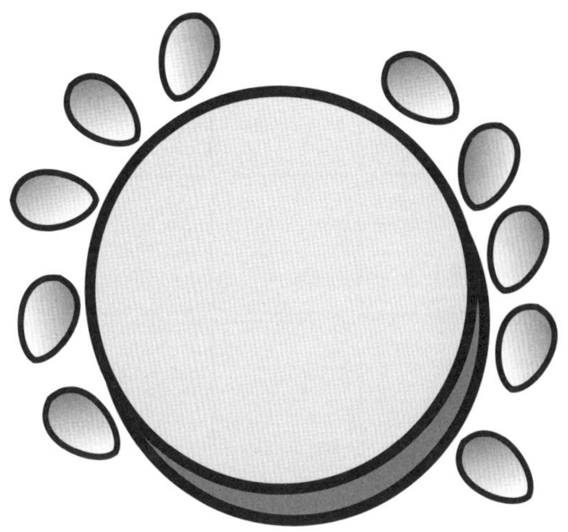

답: 224쪽

문제 137

아래 그림에서 성냥개비 4개를 빼서 작은 정사각형 8개를 만들려면 어떻게 해야 할까?

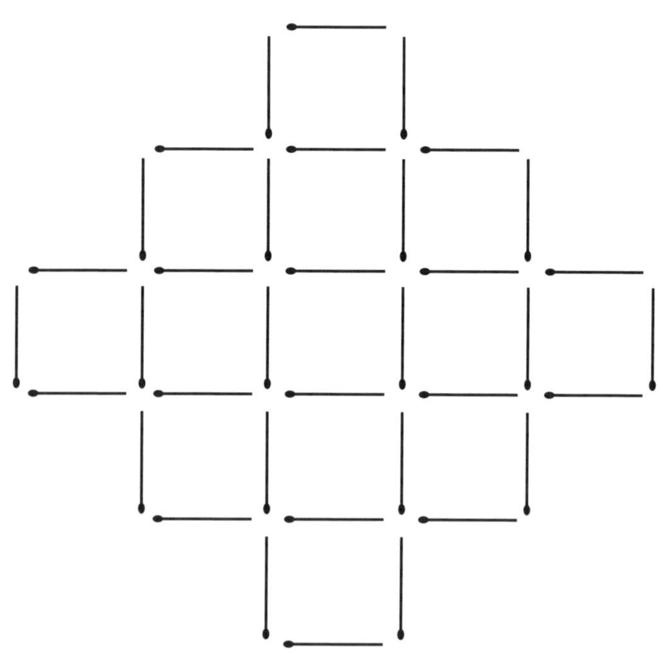

답: 224쪽

문제 138

성냥개비 9개로 아래와 같이 삼각형 3개를 만들었다. 성냥개비 3개를 움직여 삼각형 4개를 만들려면 어떻게 해야 할까?

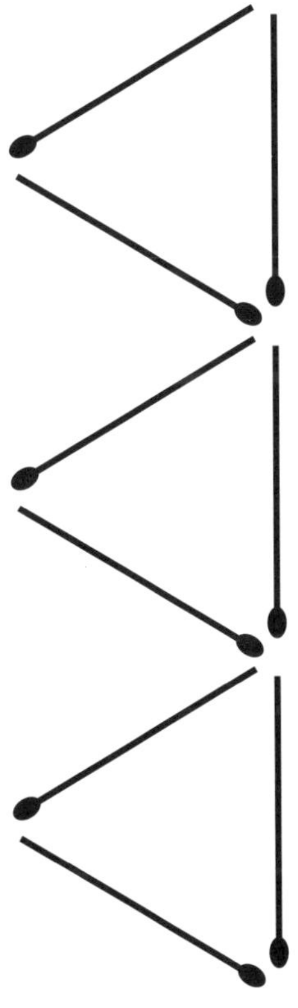

답: 225쪽

문제 139

성냥개비 16개로 아래와 같은 모양을 만들었다. 성냥개비 8개를 더 놓아 정확하게 4등분 하려면 어떻게 해야 할까?

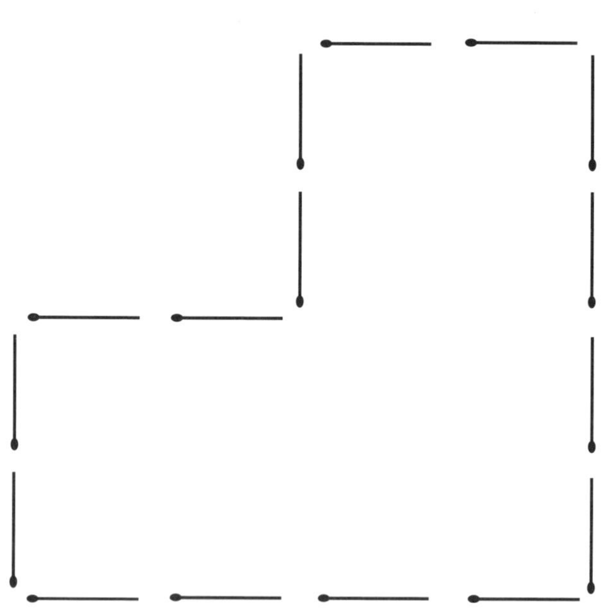

답: 225쪽

아래 전개도를 접었을 때 만들 수 있는 정육면체는 무엇일까?

A

B

C

D

E

답: 225쪽

문제 141

아래 전개도를 접었을 때 만들 수 있는 입체도형은 무엇일까?

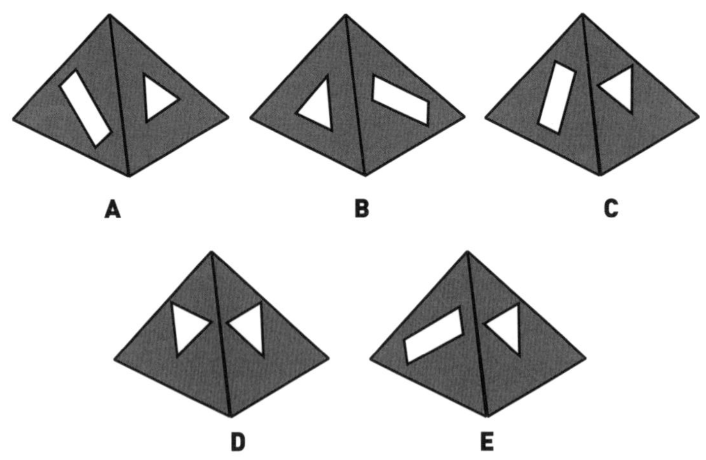

답: 225쪽

문제 142

한 친구는 늘 허술한 관광객과 내기를 해서 공짜 맥주를 얻어 마셨다. 각각의 성냥개비를 나머지 5개와 닿도록 배치하는 문제였다. 그 친구는 한 번도 맥주 값을 내지 않았다. 과연 어떻게 한 것일까?

답: 225쪽

여기 엽서 한 장이 있다. 가위로 엽서를 잘라 사람이 들어갈 수 있는 구멍을 만들 수 있을까? 불가능하다고? 천만의 말씀, 약간의 창의력을 발휘하면 사람 한 명이 온전히 통과할 수 있는 구멍을 만들 수 있다.

답: 226쪽

아래 그림은 정육면체 하나를 여러 방향에서 바라본 것이다. X면에 들어갈 그림은 무엇일까?

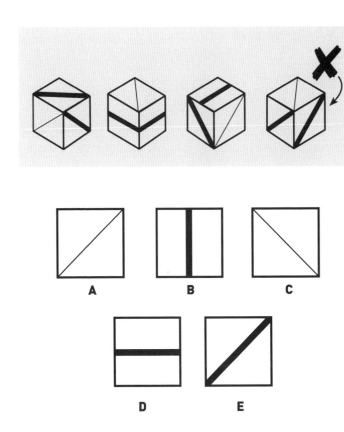

X

A B C

D E

답: 226쪽

문제 145

1 성냥개비 6개로 삼각형 4개를 만들려면 어떻게 해야 할까?

2 유리잔 3개 위에서 성냥개비 3개가 동전 뭉치를 받칠 수 있도록 올려놓으려면 어떻게 해야 할까?

3 성냥개비 5개로 숫자 14를 만들 수 있을까?

4 성냥개비 17개로 아래 그림과 같이 정사각형 6개를 만들었다. 성냥개비 5개를 빼서 정사각형 3개만 남기려면 어떻게 해야 할까?

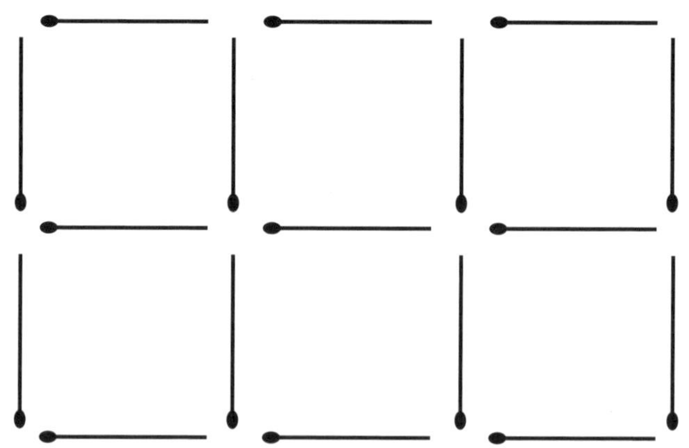

답: 226쪽

문제 146

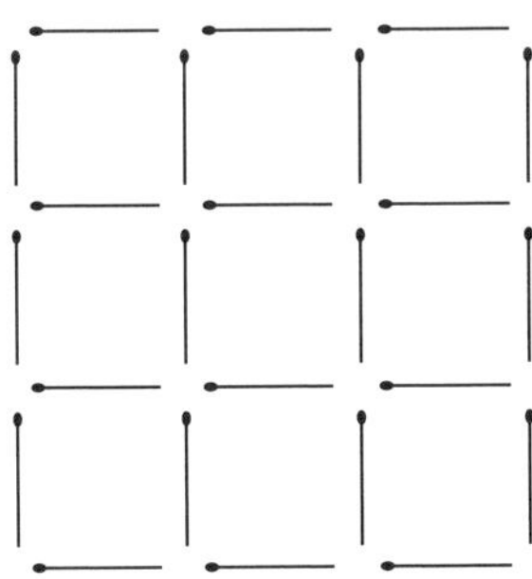

1 성냥개비 24개로 오른쪽 그림과 같이 가로세로 3칸짜리 정사각형을 만들었다. 성냥개비 8개를 빼서 정사각형 2개만 남기려면 어떻게 해야 할까?

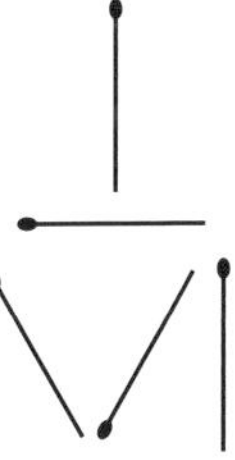

2 이 문제는 상당한 수준의 창의력과 수학 능력을 필요로 한다. 이 성냥개비는 분수 6분의 1을 표시한 것이다. 여기에 성냥개비 1개를 더해 숫자 1이 되도록 만들 수 있을까?

3 성냥개비 9개로 정사각형 3개와 정삼각형 2개를 만들려면 어떻게 해야 할까?

답: 227쪽

아래 문제는 진정한 사고력을 필요로 한다. 성냥개비를 움직이지 않고도 아래 등식이 성립하도록 만들려면 어떻게 해야 할까?

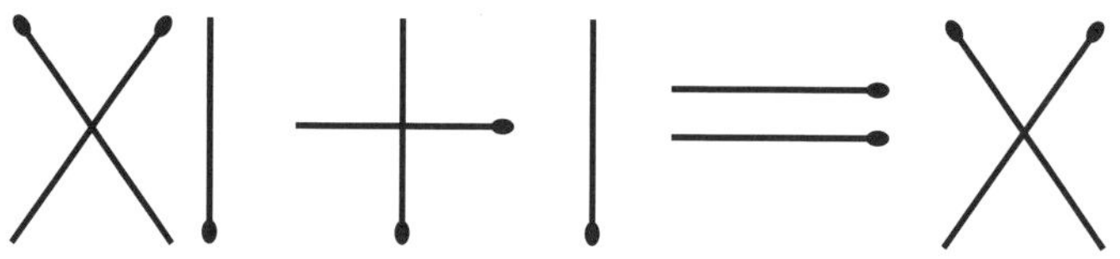

답: 227쪽

아래 전개도를 접었을 때 만들 수 있는 정육면체는 무엇일까?

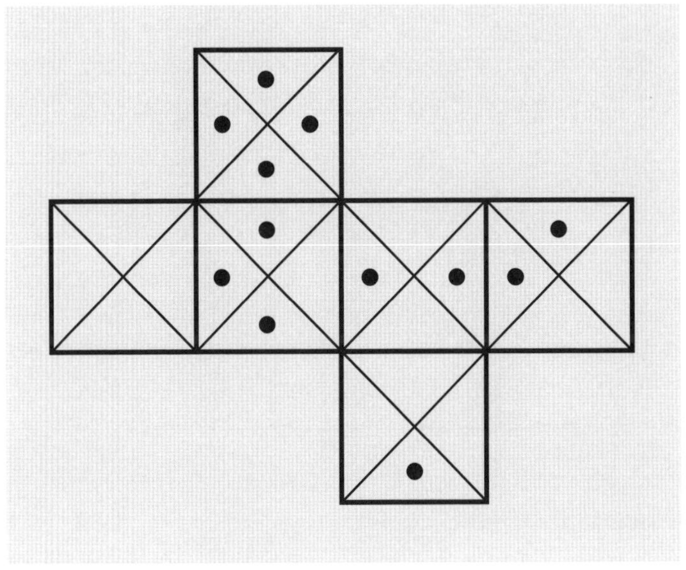

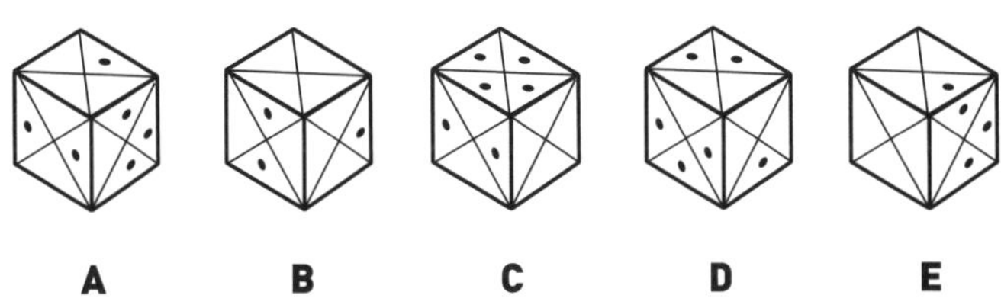

답: 227쪽

문제 149

1 케임브리지 퀸즈 대학에 아이작 뉴턴 경이 아주 정확하게 설계한 다리가 있다. 이 다리는 못, 접착제, 인공 부품을 하나도 사용하지 않고 목재만으로 만들었다. 이 다리는 완벽했지만 호기심이 많던 학생들은 약간의 개조가 필요하다며 다리를 해체했다. 산산조각이 난 다리는 수천 개의 금속 볼트를 박고 나서야 예전의 모습을 되찾을 수 있었다. 성냥개비로 비슷한 다리를 만들려면 어떻게 해야 할까? 다리는 측면 지지대 하나 없이 거의 편평하고 가운데만 약간 솟아 있는 모습이었다.

2 성냥갑 스무 개로 한 손으로 들더라도 쓰러지지 않을 탑을 쌓으려면 어떻게 해야 할까? 풀이나 접착테이프를 사용하지 않고도 두 손과 약간의 재치만 있으면 쌓을 수 있다.

3 성냥갑의 속 상자와 겉 상자를 분리한 다음 오른쪽 그림과 같이 끼웠다. 속 상자를 건드리지 말고 엄지와 다른 손가락 하나만을 사용해 위아래를 뒤집으려면 어떻게 해야 할까?

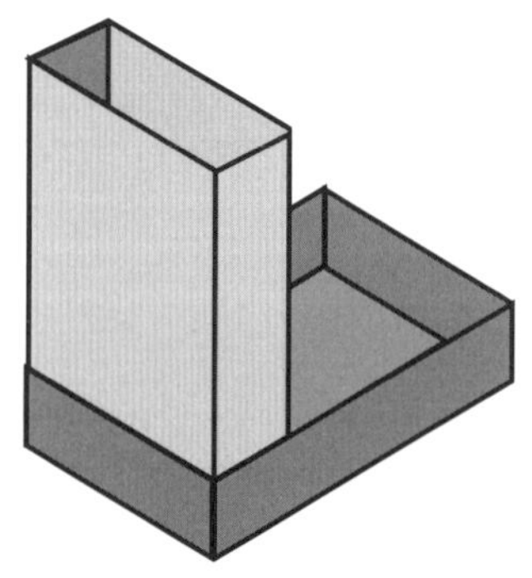

답: 227쪽

문제 150

아래 입체도형들을 잘 살펴보자. 4번 정육면체에서 흰 면의 반대쪽에는 어떤 면이 와야 할까?

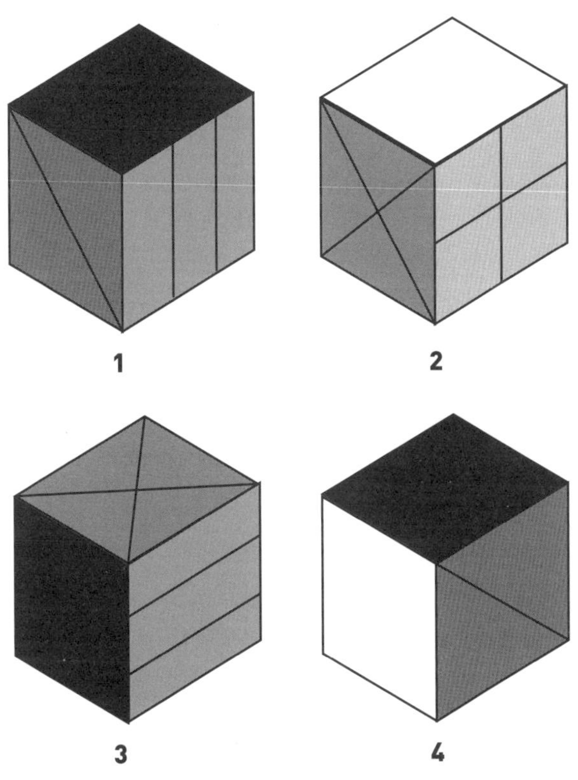

답: 228쪽

문제 151

성냥개비 6개를 아래와 같이 물고기 모양으로 만들었다. 성냥개비 3개를 움직여 삼각형 8개를 만들려면 어떻게 해야 할까?

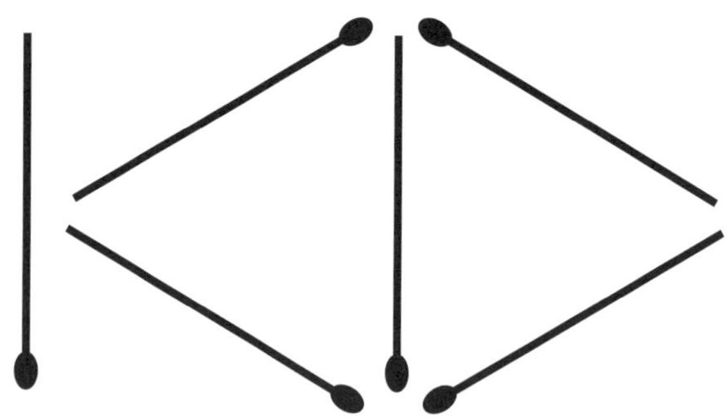

답: 228쪽

문제 152

아래 그림은 성냥개비로 수식을 표현한 것이다. 성냥개비 1개를 움직여 등식이 성립하도록 만들려면 어떻게 해야 할까?

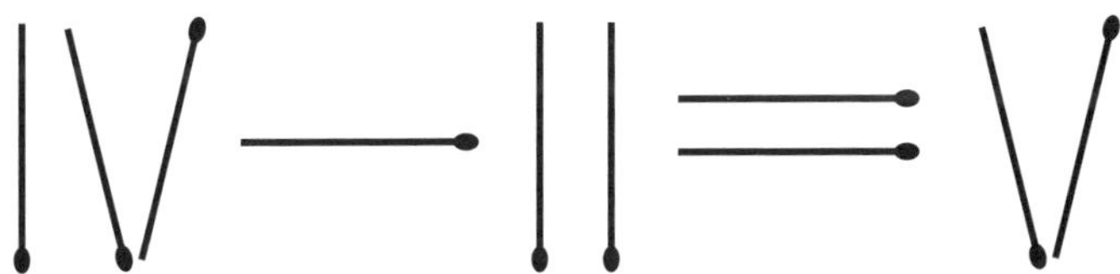

답: 229쪽

문제 153

아래 그림은 성냥개비로 수식을 표현한 것이다. 성냥개비 2개를 움직여 등식이 성립하도록 만들려면 어떻게 해야 할까?

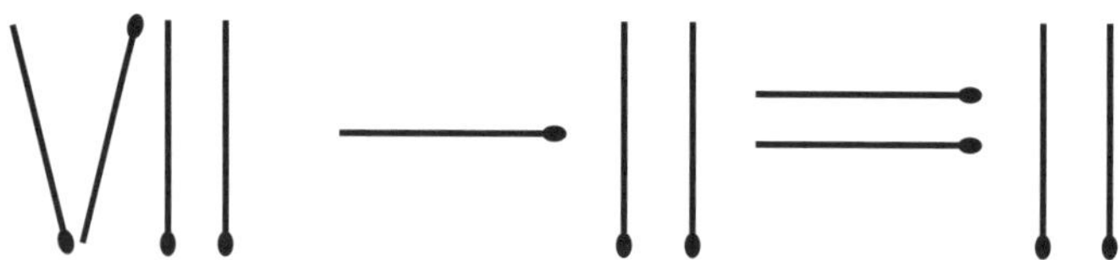

답: 229쪽

아래 전개도를 접었을 때 만들 수 있는 정육면체는 무엇일까?

A

B

C

D

답: 229쪽

아래 그림은 성냥개비로 수식을 표현한 것이다. 성냥개비 3개를 빼서 등식이 성립하도록 만들려면 어떻게 해야 할까?

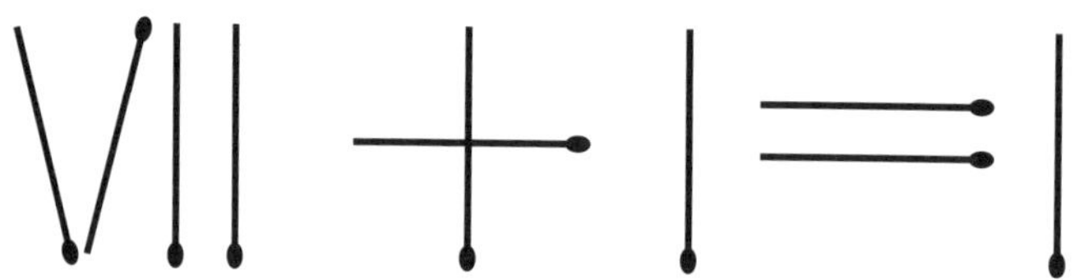

답: 229쪽

문제 156

성냥개비 16개를 아래와 같은 도형으로 만들었다. 성냥개비 4개를 빼서 삼각형 4개를 만들려면 어떻게 해야 할까?

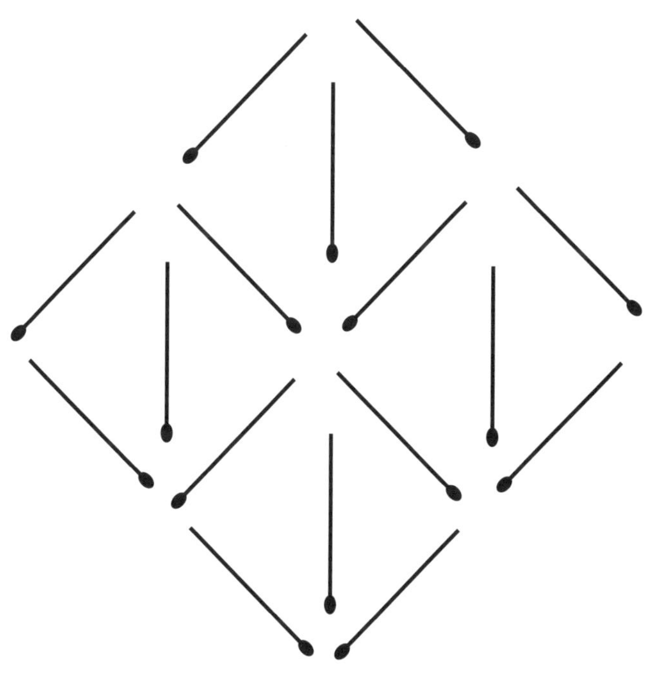

답: 229쪽

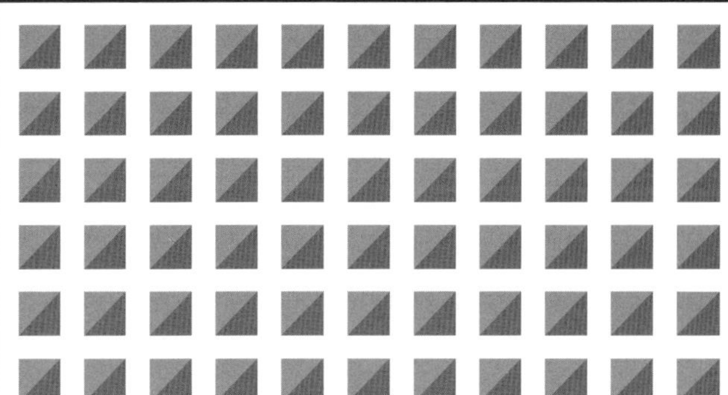

수리 추리

퍼즐 속 숨겨진 수학 원리를 찾아라.
문제 해결의 실마리를 얻을 것이다.

아래 등식이 성립하려면 빈칸에 어떤 사칙연산 기호를 넣어야 할까?

a) 7 □ 8 □ 20 □ 32 = 44

b) 9 □ 3 □ 42 □ 12 = 94.5

c) 8 □ 2 □ 12 □ 9 = 57

d) 6 □ 7 □ 15 □ 13 = 44

e) 5 □ 32 □ 6 □ 20 = 18.75

답: 230쪽

문제 158

1 345.6754를 23.854로 몇 번이나 나눌 수 있을까?

2 벤 브라이트는 영리한 아이이다. 그는 반 친구들에게 팽팽한 풍선을 터뜨리지 않고 핀을 꽂는 내기를 걸었다. 하지만 모두 핀을 꽂으려다가 풍선을 터뜨렸다. 아이들은 애초에 불가능한 일이었다고 투덜댔지만 벤은 모두 앞에서 간단하게 성공하는 것을 보여주었다. 과연 어떻게 한 것일까?

3 벤은 또 다른 내깃거리를 생각했다. 이번에는 밧줄 양쪽을 쥐지 않은 상태에서 줄에 매듭을 짓는 것이었다. 역시나 모두 실패한 뒤 마지막에 벤이 멋지게 보여주었다. 과연 어떻게 했을까?

답: 230쪽

문제 159

프랭클린 선장과 선원들은 빙하가 둥둥 떠다니는 그린란드 해상에서 좌초되었다. 식량이 얼마 남지 않았고 무엇보다 마실 물도 없었다. 1등 항해사가 말했다. "그렇다고 바닷물을 마시면 우리는 다 죽습니다." 그러자 선장이 말했다. "걱정할 필요 없네. 여기 널린 게 다 식수니까." 이것은 무슨 뜻이었을까?

답: 230쪽

동전 2개를 테두리가 서로 맞닿도록 테이블 위에 눕혀 놓자. 동전 하나는 만질 수 있지만 움직여서는 안 되고 반대로 나머지 동전 하나는 움직일 수 있지만 만져서는 안 된다. 이 규칙을 어기지 않고 두 동전 사이의 간격을 3cm 가량 떨어지게 하는 방법은 무엇일까?

답: 230쪽

문제 161

1 한 농부는 새 쫓는 기계를 가지고 있는데 이 기계는 1분마다 시끄러운 경고음을 낸다. 기계가 오전 6시 정각부터 작동하도록 설정하면 오전 7시 정각까지 총 몇 번의 소리가 날까?

2 윌리엄과 앨런이 작은 플라스틱 공을 가지고 놀다가 구멍에 떨어뜨렸다. 둘이 아무리 애를 써도 구멍이 너무 작아 손을 넣을 수조차 없었다. 윌리엄이 말했다. "아빠가 화내실 거야. 선물로 받은 공이거든." 앨런이 대답했다. "걱정 마. 공을 꺼낼 수 있는 확실한 방법이 있으니까." 과연 어떤 방법이었을까?

답: 230쪽

문제 162

이 문제는 고지식한 사람에게 내면 훨씬 더 재미있다.
우선 원뿔형의 유리잔 하나와 서로 크기가 다른 동전 2개를 준비하자. 작은 동전 하나를 먼저 유리잔에 넣고 그 위에 수평을 이루도록 큰 동전을 넣는다. 이제 상대방에게 동전이나 유리잔을 건드리지 말고 작은 동전을 꺼내라는 문제를 내보자.
상대방을 골탕 먹이고 싶으면 근처에 작은 자석 하나를 놓아두자. 자석이 문제를 푸는 데 아무 도움도 되지 않지만 상대방은 어떻게든 자석을 활용해보려고 애를 쓸 것이다. 유리잔에서 작은 동전만 빼낼 수 있는 방법은 과연 무엇일까?

답: 230쪽

문제 163

국제 크로스컨트리 챔피언십에서는 해마다 결과를 예측할 수 없는 치열한 승부가 펼쳐진다. 올해도 예외 없이 결승전에 진출한 5명의 선수가 접전을 펼치고 있다. 마지막 경주는 아래 그림과 같이 10마일짜리 코스에서 열릴 예정이었다.

총 네 구간으로 나뉜 코스의 각 방향 전환점에는 초시계가 설치되어 있다. 선수들은 A에서 출발해 B, C, D를 거쳐 가장 짧은 구간인 D-E를 질주해 E에 도달해야 한다. 아래 오른쪽의 그림은 구간별 거리를 표시한 경기장 약도다. 물론 결승점을 가장 빨리 통과한 선수가 우승컵을 거머쥐게 된다.

아래 왼쪽의 표는 경기가 끝나고 전광판에 뜬 선수들의 기록이다. 각 선수가 코스를 완주하는 데 걸린 시간을 계산해 순위대로 나열해 보자.

1피트를 통과하는 데 걸린 시간

선수	A–B	B–C	C–D	D–E
존	14	12.51	11	13.75
피에르	13.75	15	8	18.75
페드로	15	12	8.25	22
브루스	13	16	8.75	16.5
이반	12.75	14	9.75	17.5

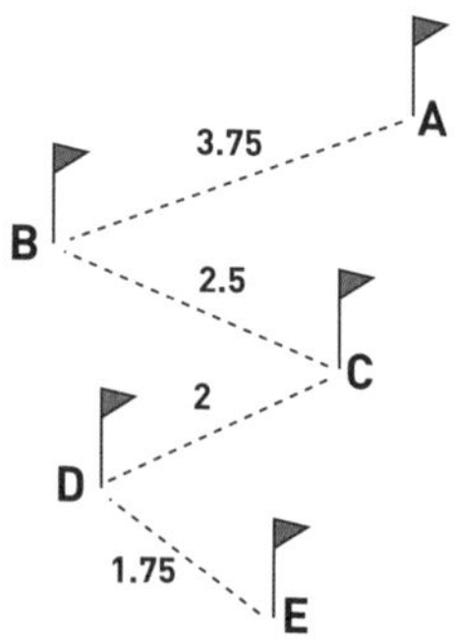

답: 231쪽

1 지름 12인치짜리 레코드판이 있다. 테두리에서 안쪽으로 0.5인치 떨어진 지점부터 음악이 재생되고 그 지점부터 정중앙 홈까지의 거리는 5.5인치다. 바늘을 재생 지점 끝에 내려놓고 음악이 멈출 때까지 레코드판을 재생했다면 바늘의 이동 거리는 얼마일까?

2 고초균 박테리아는 20분마다 두 배로 증식한다. 그렇다면 완벽한 환경 조건에서 고초균 1마리는 8시간 동안 총 몇 마리의 박테리아를 만들 수 있을까?

답: 231쪽

1 46에서 2를 몇 번이나 뺄 수 있을까?

2 에디는 알뜰하기로 유명하다. 그가 마음에 둔 여자가 두 명 있는데, 마침 그 둘과 영화를 볼 수 있는 기회가 생겼다. 에디는 역시나 돈을 아끼고 싶어 한다. 여자 두 명과 같이 영화를 보는 것과 따로 보는 것 중에 어느 쪽이 돈이 적게 들까?

답: 231쪽

문제 166

아래 그림의 각 빈칸에 사칙연산 기호 중 하나를 넣어 산식을 완성해 보자. 제일 위 칸부터 시계 방향으로 진행한다. 기호 중 하나는 두 번 쓸 수 있지만 나머지 기호는 한 번만 넣을 수 있다. 참고로, 괄호를 사용해야 한다.

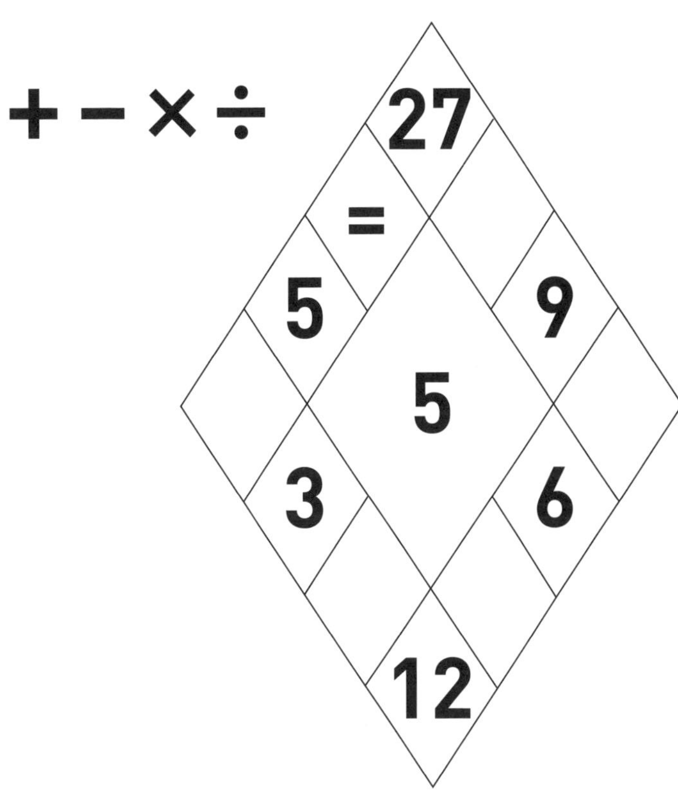

답: 231쪽

문제 167

아래 그림의 각 빈칸에 사칙연산 기호 중 하나를 넣어 산식을 완성해 보자. 제일 위 칸부터 시계 방향으로 진행한다. 기호 중 하나는 두 번 쓸 수 있지만 나머지 기호는 한 번만 넣을 수 있다. 참고로, 괄호를 사용해야 한다.

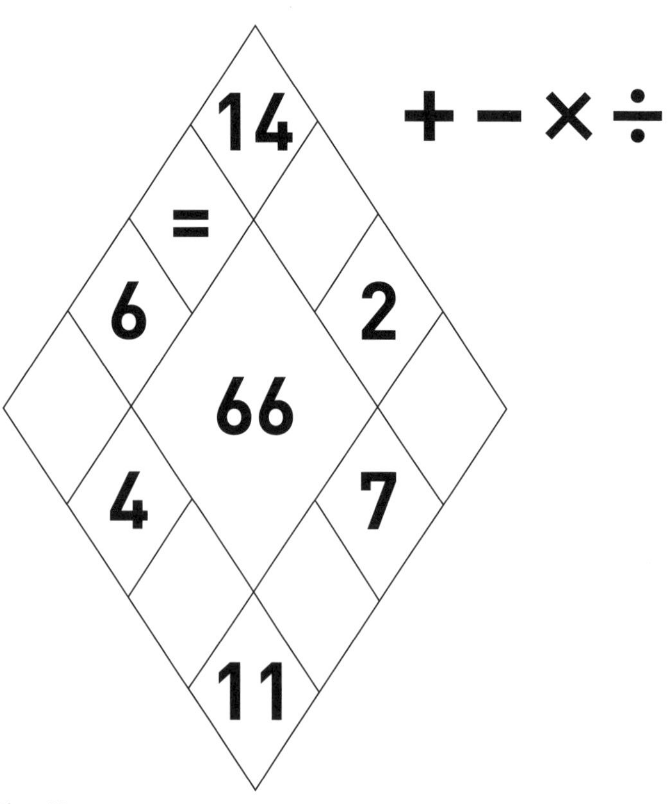

답: 231쪽

문제 168

아래 그림의 각 빈칸에 사칙연산 기호 중 하나를 넣어 산식을 완성해 보자. 제일 위 칸부터 시계 방향으로 진행한다. 기호 중 하나는 두 번 쓸 수 있지만 나머지 기호는 한 번만 넣을 수 있다. 참고로, 괄호를 사용해야 한다.

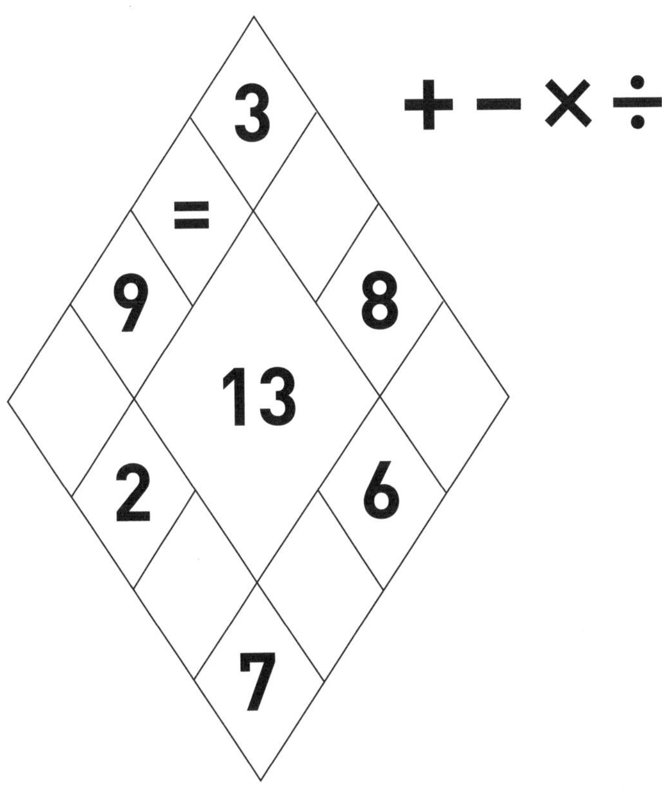

답: 231쪽

해답

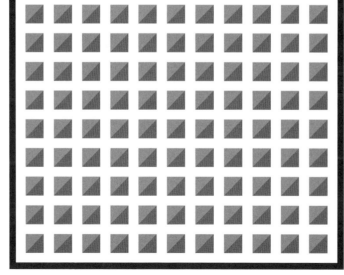

001 C

가장 안쪽에 위치한 도형을 시계 방향으로 90° 돌리고 중간에 위치한 도형은 그대로 둔다. 가장 바깥쪽에 위치한 도형은 반시계 방향으로 90° 돌린다.

002 E

가장 큰 도형을 위아래로 뒤집고, 모든 도형의 크기 순서를 바꾼다.

003 D

검은색 별과 흰색 별, 검은색 고리 행성과 흰색 고리 행성, 검은색 원이 들어 있는 별과 흰색 원이 대응 관계를 이룬다. 대응 관계에 따라 배열한 후 위아래를 뒤집는다.

004 D

먼저 도형 전체를 좌우로 뒤집은 다음, 가운데 선을 기준으로 양쪽을 바꾼다.

005 A

가장 안쪽에 있던 도형을 가장 바깥쪽으로 꺼낸다. 그런 다음 가장 안쪽 도형을 둘러싸고 있던 도형을 안에 딱 맞게 붙여 넣는다. 다시 그 안에는 가장 위 칸에 있던 작은 도형을 넣는다. 나머지는 축소시켜 가운데 도형 안에 넣는다. 검은색 도형은 흰색 도형을 덮는다.

006 E

시계 방향으로 한 번 돌린 다음 수평선을 기준으로 위아래를 뒤집는다.

007

B

전체를 시계 방향으로 90° 돌리고 반원의 호를 반대로 뒤집는다.

008

C

작은 정사각형을 크게 늘리고 큰 정사각형은 줄인다. 삼각형이 붙어 있는 작은 정사각형에서 삼각형을 지우고 정사각형만 남긴다. 큰 정사각형이 붙어 있는 삼각형에서 정사각형을 지우고 삼각형만 남긴다.

009

A

가장 안쪽에 있는 도형과 가장 바깥쪽에 있는 도형을 바꾼다. 검은색 사각형은 검은색 삼각형으로, 검은색 원은 흰색 원으로, 흰색 원은 검은색 사각형으로 바꾼다. 단, 검은색 도형은 흰색 도형을 덮는다.

010

D

왼쪽에서 오른쪽으로 올라가는 사선을 수평선으로 바꾼다. 수직선은 그대로 둔다. 왼쪽에서 오른쪽으로 내려가는 사선을 올라가는 사선으로 바꾼다. 삼각형이 들어 있는 정사각형은 위아래를 뒤집는다.

011

C

원의 호를 반대로 뒤집는다. 수평선과 수직선을 서로 바꾸고 사선은 반대 방향을 향하도록 돌린다.

012

D

w를 가로로 눕힌 거울에 비추면 m처럼 보이고 m 바로 뒤에 오는 알파벳이 n이다. 마찬가지로 d를 거울에 비추면 q가 보이고 q 바로 뒤에 오는 것은 r이다.

013

C

나머지는 가장 큰 도형과 가장 작은 도형의 종류가 같다.

014

B

나머지는 잘렸을 때 삼각형과 사각형이 나온다.

015

B

나머지는 작은 원이 큰 원 안에 있다.

016

E

나머지는 가상의 수직선을 기준으로 뒤집어도 알파벳이다.

017

A

나머지 도형에 수직이나 수평으로 직선을 하나 더 그었을 때 알파벳 대문자가 된다.

018

D

나머지는 위쪽 막대의 개수와 아래쪽 막대의 개수를 곱했을 때 짝수가 나오지만 D는 홀수가 나온다.

019

D

나머지는 선의 개수가 홀수다.

020

E

알파벳을 알파벳 순서에 해당하는 숫자로 바꿔서 더한다. 그 값이 짝수이면 삼각형, 홀수이면 원이 된다.

021 E

나머지는 오른쪽을 반으로 접었을 때 서로 대칭이 된다. 그리고 오른쪽을 반으로 접은 모양은 왼쪽의 위나 아래와 대칭이 된다.

022 D

큰 별의 꼭짓점 하나가 보이지 않는다.

023 D

나머지는 알파벳이 정사각형에 두 번 닿지만 W만 다섯 번 닿는다.

024 C

나머지는 정사각형과 삼각형이 만난다.

025 D

나머지는 모서리 수의 합이 짝수지만 D만 홀수다.

026 B

나머지는 모두 네 모서리에 흰색 삼각형과 검은색 삼각형이 2개씩 있다.

027 F

숫자 8만 모양이 대칭이다.

028 C

바깥쪽을 바라보는 물고기는 입을 벌려야 한다.

029 **F가 잘못되었다.**

나머지는 모두 사각형과 삼각형이 겹치는 부분에 점이 있다.

030 B

031 C

032 B

033 B

034 A

아래에 가로선을 하나만 더 그으면 위아래가 뒤집히지 않은 알파벳 대문자 G, T, I를 만들 수 있다. 나머지는 이미 알파벳을 3개씩 가지고 있다.

035 D

직사각형의 한쪽 끝이 원 안으로 쑥 들어와 있다. 화살표는 직사각형을 작은 사다리꼴 2개로 나눈다. 화살표와 원은 서로 만나지 않는다.

036 B

037

39

인접한 위 칸의 숫자 2개를 더해 2로 나누면 아래 칸의 숫자가 된다.

038

9

모음은 4를 의미하고 자음은 3을 의미한다. 각 문자의 값을 더하면 시계 방향으로 다음에 나오는 숫자가 된다.

039

63

줄마다 왼쪽부터 두 칸의 숫자를 곱하면 마지막 칸의 숫자가 된다.

040

8

왼쪽 아래 2부터 시작해서 시계 방향으로 진행한다. 다음 숫자 4는 앞의 2에 2를 더한 숫자이다. 다음 숫자 3은 그 전 숫자 4에서 1을 뺀 숫자이다. 앞의 숫자에 2를 더해서 다음 칸에 적고, 그 다음에는 그 숫자에 1을 뺀 숫자를 적는 규칙이다. 2, 4, 3, 5, 4, 6, 5, 7, 6, 8, 7, 9, ?, 10, 9, 11 이 순서로 진행한다.

041

1

64부터 시작해서 시계 방향으로 한 칸씩 건너뛰며 1, 2, 4, 8, 16, 32의 순서로 숫자를 뺀다.

042

R

시계 방향으로 알파벳 한 쌍의 앞에 나오는 숫자는 두 번째 알파벳이 첫 번째 알파벳 다음으로 오는 몇 번째 알파벳인지를 의미한다. 예를 들어, 알파벳 순서에 따라 K 다음으로 오는 다섯 번째 알파벳 P가 K와 한 쌍을 이룬다. 참고로, 26개의 알파벳은 순환한다.

043 K

각 알파벳은 알파벳 순서에 해당하는 숫자를 뜻한다. 시계 방향으로 첫 번째 알파벳의 숫자에서 두 번째 알파벳의 숫자를 빼면 다음 칸의 숫자가 된다. 예를 들어, T에서 N을 빼면 6이 된다.

044 18

마주 보는 한 쌍의 숫자를 더하면 모두 21이 된다.

045 120

9부터 시계 방향으로 숫자 2개를 곱하면 바로 다음에 나오는 수가 된다. 9 × 13 = 117, 23 × 4 = 92, 8 × 15 = 120

046 4

마주 보는 한 쌍의 숫자를 곱하면 모두 24가 된다.

047 N

각 알파벳은 알파벳 역순에 해당하는 숫자를 뜻한다. 한 칸에 있는 숫자들을 모두 더하면 시계 방향으로 다음 칸 알파벳의 숫자와 같다.

048 D

각 알파벳은 알파벳 순서에 해당하는 숫자를 뜻한다. 한 칸의 알파벳 3개의 숫자를 모두 더하면 시계 방향으로 다음 칸의 숫자가 된다.
Q + L + A = 30 이런 식이다.

049 10

각 가로줄의 숫자를 모두 더했을 때, 위에서부터 12, 24, 36, 48이 나와야 한다.

050
6
한 자리의 숫자를 제곱한 값이 원 안에 있다.

051
156
가로줄마다 양 끝의 두 숫자를 곱하면 가운데 칸의 숫자가 된다.

052
22
위에서부터 두 칸의 숫자를 더하면 아래 칸의 숫자가 된다.

053
C
선의 개수가 홀수인 도형과 짝수인 도형이 번갈아가며 나온다. 왼쪽에서 오른쪽으로 진행하면서 한 줄씩 내려오면 된다.

054
맨 아랫줄의 오른쪽에서 두 번째 삼각형
위에서 아래로, 왼쪽에서 오른쪽으로 진행한다. 작은 원, 빈칸 1개, 작은 원, 빈칸 2개, 작은 원, 빈칸 3개, 작은 원, 빈칸 4개순으로 배열된 것이다.

055
삼각형
삼각형의 세 꼭짓점에 적힌 숫자들의 합이 짝수면 안에 정사각형, 홀수면 삼각형이 들어간다.

056
0
각 알파벳은 알파벳 순서에 해당하는 숫자를 뜻한다. 각 삼각형의 숫자들을 더하면 60이 되어야 한다.

057
32
가로줄마다 왼쪽에서 오른쪽 방향으로 $(A + B) \times C - D = E$의 등식이 성립한다.

058 **맨 아랫줄의 왼쪽에서 두 번째 삼각형에 원이 들어가야 한다.**

맨 위부터 시작해 왼쪽에서 오른쪽 방향으로 정사각형, 빈칸 2개, 삼각형, 원, 빈칸 1개 순서로 진행한다.

059 **B**

별 3개와 삼각형 2개와 십자가 1개, 별 1개와 삼각형 2개와 십자가 3개, 별 3개와 삼각형 3개와 십자가 3개의 순서로 패턴이 반복된다. 맨 아랫줄의 왼쪽 끝에서 출발해 위로 올라간다. 맨 윗줄에 도착하면 오른쪽으로 한 줄 이동해 내려온다. 맨 아랫줄에 도착하면 오른쪽으로 한 줄 이동해 올라간다. 이를 반복한다.

060 **C**

원 2개와 정사각형 2개와 삼각형 2개, 원 3개와 정사각형 2개와 삼각형 3개, 원 1개와 정사각형 2개와 삼각형 1개의 순서로 패턴이 반복된다. 맨 윗줄의 오른쪽 끝에서 출발해 시계 방향으로 진행한다.

061 **C**

하트 3개와 다이아몬드 3개와 스페이드 3개, 하트 2개와 다이아몬드 2개와 스페이드 2개, 하트 1개와 다이아몬드 1개와 스페이드 1개의 순서로 패턴이 반복된다. 맨 윗줄의 왼쪽 끝에서 출발해 오른쪽으로 움직인다. 오른쪽 끝에 도착하면 아래로 한 줄 내려와서 왼쪽으로 움직인다. 왼쪽 끝에 도착하면 다시 한 줄 내려와서 오른쪽으로 움직인다. 이를 반복한다.

062 **4**

숫자 위에 겹쳐진 도형의 개수를 나타낸다.

063 B

점 1개를 줄이면서 반시계 방향으로 90° 돌린다. 다음으로 점 2개를 늘리면서 반시계 방향으로 180° 돌린다. 이를 반복한다.

064 D

점으로 끝나지 않은 획에서 점으로 끝나는 획 하나를 더한다. 다음에는 전 단계의 그림에서 만든 새 V의 꼭지점에 점을 찍고, 그 점에서 시작하는 새 V를 그린다. 단, V의 획은 전 단계의 V의 획 하나를 가로지른다.

065 D

가로선과 세로선을 번갈아가며 한 번에 하나씩 추가한다. 세로선을 그을 때는 화살표 머리의 색깔을 바꾼다.

066 D

원과 삼각형이 번갈아가며 나온다. 반시계 방향으로 원은 한 칸 이동하고 삼각형은 두 칸 이동한다.

067 C

세 꼭짓점에서 출발한 원의 호가 큰 삼각형 안에서 점점 커진다.

068 D

선이 2개, 1개의 순서로 번갈아가며 늘어나므로 다음에는 선 1개를 더 긋는다. 그런 다음 원을 시계 방향으로 조금씩 돌린다.

069 B

도형을 시계 방향으로 90°씩 돌린다. 마름모가 위쪽이나 아래쪽을 향할 때는 원과 정사각형의 색깔을 바꾸고 화살표 머리를 사선이 그어진 정사각형으로 바꾼다.

070

A

표는 아래와 같이 연결된다. X와 X 사이에서 빈칸의 수가 늘어났다가 줄어들기를 반복한다.

3	X	1	→	3	X	1	→	X	1	2	→	X	1	2	→	X	1	2
2	3	4		2	X	1		3	X	1		3	X	1		X	1	2
X	1	2		X	1	2		2	3	4		2	X	1		3	X	1

071

B

선분의 수가 두 배로 늘어난다.

072

D

가장 윗줄은 알파벳 역순으로 세 칸씩 건너뛴다. 가운뎃줄은 알파벳 순서로 두 칸, 세 칸, 네 칸, 다섯 칸의 순서로 건너뛴다. 가장 아랫줄은 다시 역순으로 여덟 칸, 네 칸, 두 칸, 한 칸의 순서로 건너뛴다.

073

1 H

위아래를 뒤집어도 모양이 똑같은 알파벳이다.

2 T

좌우를 뒤집어도 모양이 똑같은 알파벳이다.

074

72	÷	9	×	5	=	40
-		-		+		÷
18	+	6	-	4	=	20
54	÷	3	÷	9	=	2

075 $\{(L - G) \times F \div C + O\} \div E = E$

076 $\{(F + Q) \times I + B\} \div K - D = O$

077

```
       86374
19 ⌐1641106
    152
    ───
     121
     114
     ───
       71
       57
       ──
       140
       133
       ───
         76
```

078 C

분침이 시계 방향으로 5분씩 이동하고, 시침은 시계 방향으로 3시간씩 이동한다.

079 B

분침이 반시계 방향으로 15분씩 이동하고, 시침은 시계 방향으로 3시간씩 이동한다.

080 21.14.51

시는 3시간, 4시간, 5시간, 6시간의 순서로 반시계 방향으로 이동한다. 분은 4분, 8분, 16분, 32분의 순서로 시계 방향으로 이동한다. 초는 1초, 2초, 3초, 4초의 순서로 반시계 방향으로 이동한다.

081

D

초침은 시계 방향으로 30초 이동했다가 반시계 방향으로 15초 이동하기를 반복한다. 분침은 반시계 방향으로 10분 이동했다가 시계 방향으로 5분 이동하기를 반복한다. 시침은 시계 방향으로 2시간 이동했다가 반시계 방향으로 1시간 이동하기를 반복한다.

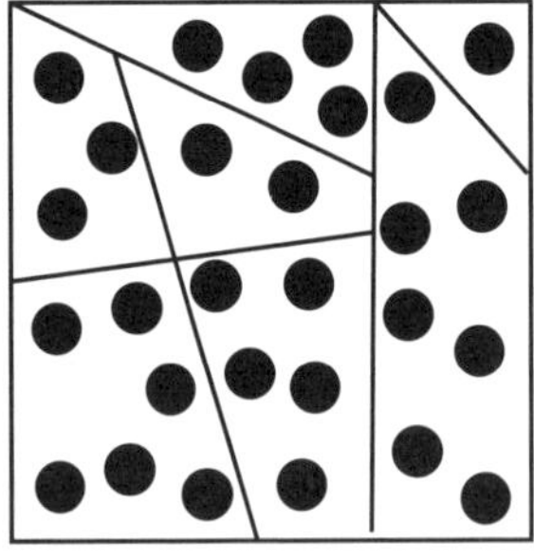

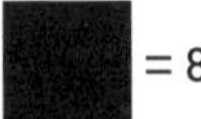 = 8 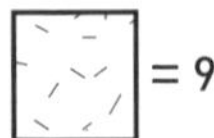 = 9

 = 1 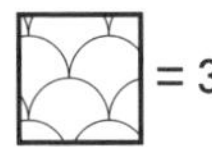 = 3 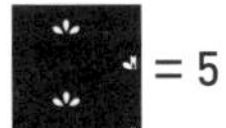 = 5

 = 2 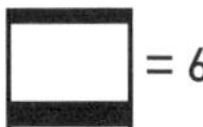 = 6 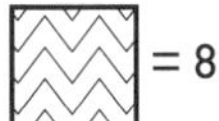 = 8 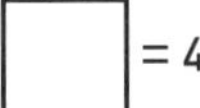 = 4

 = 6  = 2  = 4

 = 1 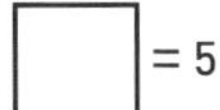 = 5  = 7  = 3

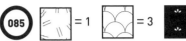

Jodie Foster   Marlon Brando   Cybill Shepherd
Claudia Cardinale   Roman Polanski   Daniel Day Lewis
Robert Redford   Walter Matthau   Woody Allen
Dudley Moore

090

Augustus   Caligula   Claudius   Diocletian   Galba
Nero   Tiberius   Trajan   Valerian   Vespasian

091

Bartok   Delius   Mahler   Mozart
Puccini   Purcell   Rachmaninov
Rimsky-Korsakov   Sibelius   Schubert

092

Dustin Hoffman, Derek Jacobi, Paul Newman, Julia Roberts, Arnold Schwarzenegger, Anjelica Huston, Demi Moore, Nastassja Kinski, Winona Ryder

093

Edward Albee, Samuel Beckett, Bertholt Brecht, Noel Coward, Anton Chekov, Arthur Miller, Luigi Pirandello, Jean Racine, Sophocles, Tennessee Williams

G	A	C	H	I	N	A	T	O	W	N	U	L	H	V	R	E	G	S	O
Z	R	B	L	T	N	O	S	I	D	A	M	I	Y	X	N	N	O	I	P
R	T	E	U	A	C	S	B	L	D	F	G	T	H	R	T	R	K	M	E
A	L	G	E	P	R	Q	Q	S	A	C	T	T	A	V	Z	Y	X	A	H
R	I	B	Q	N	Z	N	O	U	P	R	C	L	A	C	B	A	L	A	A
S	N	K	A	C	W	R	A	M	A	B	R	E	I	T	A	L	Y	I	L
D	C	G	E	L	E	I	O	N	D	R	O	N	N	O	T	T	I	L	N
G	O	H	A	T	M	N	C	E	W	C	E	T	A	H	S	T	L	U	E
S	L	W	N	A	V	E	S	H	E	Y	G	I	T	H	A	I	S	N	I
S	N	E	A	P	A	I	V	M	N	A	I	M	N	T	H	R	E	H	A
R	C	S	E	G	E	I	I	T	R	T	I	E	S	G	M	O	L	Q	N
C	I	T	Y	E	L	E	Y	O	D	E	N	S	Q	U	A	R	E	E	U
L	L	A	H	L	H	T	O	F	L	A	Y	T	A	D	I	U	M	R	M
L	T	O	A	N	B	R	O	N	X	C	S	P	A	R	K	N	I	S	L
I	K	G	E	E	G	E	T	T	R	I	E	E	K	N	A	Y	N	G	B
L	E	S	O	G	O	D	F	E	R	O	M	L	A	S	T	R	O	O	N
E	I	T	O	G	A	T	M	E	W	R	F	I	A	T	I	I	N	N	G
T	H	H	E	U	S	A	E	B	L	O	I	N	G	T	P	U	Z	B	Z
L	O	E	S	G	R	A	L	D	T	H	E	G	N	I	D	L	I	U	T
T	I	M	E	G	I	T	B	R	O	O	K	L	Y	N	I	S	A	P	A

M	I	F	T	E	P	Z	L	E	I	R	U	E	P	D	T	M	E	R	B
A	A	D	I	H	U	Z	N	E	S	H	A	L	E	R	O	H	N	E	O
N	G	D	H	T	E	I	E	M	S	A	A	E	R	M	S	U	E	M	I
C	H	H	E	S	E	Y	O	E	S	F	G	S	E	U	T	B	L	U	S
A	R	D	E	L	L	I	W	N	A	F	A	O	L	E	I	I	L	T	D
G	A	R	D	E	O	N	D	E	I	Y	Y	N	A	W	N	L	L	R	E
Y	T	R	E	O	A	M	T	H	M	R	E	I	C	L	H	R	A	S	B
O	D	E	C	H	D	E	P	E	O	W	T	L	H	T	E	Y	O	S	O
U	T	H	C	T	Y	A	R	S	P	S	T	E	A	F	R	A	N	U	U
M	E	A	T	H	E	C	O	M	E	O	E	D	I	O	D	E	G	O	L
M	J	A	R	D	I	N	D	O	U	L	E	G	S	S	A	C	R	E	O
C	H	C	T	P	R	E	E	R	N	H	Y	R	E	R	U	E	O	C	G
A	R	A	E	R	S	A	S	A	D	T	I	S	D	J	U	I	K	H	N
T	C	A	R	S	A	D	P	F	N	I	S	E	I	S	T	L	E	T	E
C	T	O	H	C	I	S	L	E	L	I	B	E	R	T	E	L	I	L	E
L	E	P	R	E	D	D	A	N	T	E	S	S	E	A	Y	L	T	T	S
I	Y	E	S	T	E	G	M	T	M	O	N	T	M	A	R	T	R	E	O
C	T	R	E	T	Y	R	U	E	D	E	R	I	V	O	L	I	D	O	N
H	H	A	R	W	A	T	H	E	Y	A	B	E	E	N	E	T	U	O	R
Y	N	D	I	O	M	P	H	E	H	V	E	L	O	U	V	R	E	E	A

A	N	O	W	T	H	W	E	S	T	M	I	N	S	T	E	R	E	K	R
B	C	L	A	Q	P	O	D	Y	U	P	D	P	Z	Z	L	E	F	I	I
N	I	H	T	S	I	H	E	S	T	I	Y	U	U	A	R	E	D	N	W
H	A	E	E	C	N	A	R	E	T	L	H	C	E	Q	S	E	P	G	E
O	P	R	R	L	C	E	G	O	L	I	N	G	I	T	S	O	C	S	O
U	I	G	L	O	O	A	H	I	U	W	P	S	R	O	M	R	E	C	C
A	S	N	H	T	H	A	D	T	S	H	W	H	C	U	S	A	A	R	T
I	G	C	W	A	S	O	H	O	N	I	T	T	O	K	O	H	G	O	E
R	E	I	R	S	I	M	L	J	G	T	I	N	G	N	W	L	M	S	Y
G	U	T	O	O	T	N	E	D	G	E	H	A	L	L	A	U	N	S	T
A	N	S	D	W	S	S	H	R	T	A	T	D	O	F	B	O	G	K	I
G	O	L	D	E	N	E	T	A	O	F	O	R	A	M	D	Y	N	T	R
O	L	E	B	S	O	U	K	G	W	E	Y	R	U	N	C	K	A	I	L
U	B	A	Q	S	L	R	T	T	E	L	T	F	O	A	P	L	G	H	T
E	I	U	F	Y	A	O	N	U	R	O	F	L	L	A	M	C	A	N	S
R	A	R	O	P	A	E	E	T	H	S	T	A	Y	A	U	E	A	B	Y
E	A	D	E	L	V	R	L	G	I	N	C	S	H	O	R	L	R	L	A
R	A	D	M	O	R	A	L	E	E	E	C	G	P	A	R	I	E	T	Y
E	Y	S	C	A	T	B	U	C	K	I	N	W	H	A	D	Y	N	O	U
H	N	O	T	C	H	E	L	S	E	A	J	O	E	G	R	K	Z	O	O

Ben Gurion Gatwick Las Palmas

Heathrow McCoy O'Hare Dalaman
Dar Es Salaam Ho Chi Minh City Houston
El Paso Charles De Gaulle Benito Juarez
Kranebitten

099 브롱크스에 사는 바비 포드는 도나, 애나, 벳시, 조앤과 재혼을 하지 않았으므로 재혼 상대는 메리이며, 메리의 전남편은 딕 존스다. 메리는 브롱크스, 퀸스, 스태튼 아일랜드, 맨해튼에 산 적이 없으므로 브루클린에서 왔다. 바비가 전에 살던 곳은 브롱크스, 브루클린, 퀸스, 맨해튼이 아니므로 스태튼 아일랜드다. 따라서 그의 전 부인의 이름은 벳시다. 조앤 마틴의 전남편은 바비, 딕, 행크, 데이브(현재 남편)가 아니므로 맨해튼에 살던 짐 루이스다. 조앤과 데이브는 브롱크스, 맨해튼, 브루클린, 스태튼 아일랜드에서는 살 수 없으므로 현재 퀸스에 살고 있다. 데이브는 브루클린, 스태튼 아일랜드, 맨해튼, 퀸스 출신이 아니므로 브롱크스에서 왔다. 그의 전 부인은 메리, 애나, 벳시일 수 없으므로 도나여야 한다. 브루클린에 살던 딕 존스는 벳시와 재혼했고 재혼 후 브롱크스, 브루클린, 퀸스, 스태튼 아일랜드에서 살 수 없으므로 맨해튼으로 이사한 것이다. 맨해튼에 살던 짐 루이스(조앤의 전남편)는 퀸스에 살던 애나 스미스와 재혼해 브루클린으로 이사 갔다. 마지막으로 행크 스미스는 브롱크스에서 온 도나와 재혼해 현재 스태튼 아일랜드에서 살고 있다.

	전 부인	옛날 집	현재 부인	현재 집
바비 포드	벳시	스태튼 아일랜드	메리	브롱크스
딕 존스	메리	브루클린	벳시	맨해튼
짐 루이스	조앤	맨해튼	애나	브루클린
데이브 마틴	도나	브롱크스	조앤	퀸스
행크 스미스	애나	퀸스	도나	스태튼 아일랜드

네빌이 폴린보다 운전 시간이 5배 길고 둘의 운전 시간 합이 60분이므로 네빌은 출근하는 데 스포츠카로 50분, 폴린은 10분이 걸린다. 린다의 운전 시간은 마틴의 5배이므로 린다는 25분 동안 운전한다. 마틴은 스테이션 웨건으로 폴린의 절반인 5분 만에 직장에 도착한다. 한편 올

리비아는 세단을 40분 동안 운전하고 폴린은 밴을, 린다는 컨버터블을 탄다.

	차량 종류	운전 시간
린다	컨버터블	25분
마틴	스테이션 웨건	5분
네빌	스포츠카	50분
올리비아	세단	40분
폴린	밴	10분

101 **"당신은 죽은 사람입니까?"**

102

1 개구리는 영원히 연못 끝에 닿지 못한다.

2 2개

3 둘 다 틀리다. 물고기는 냉혈 동물이다.

4 알렉스와 조지나 외에 한 명이 더 있다.
쌍둥이가 아니라 세 쌍둥이다.

103

1 미성년자 관람 불가 영화를 보러 갔고 데이브의 삼촌은 10살이었다.

2 남자가 5명 있었지만 딜러는 여자였다.

104

1 비커스피드 박사
마을에 치과의사가 두 명뿐이니 서로 치아를 관리해주는 것이 틀림없다. 따라서 비커스피드 박사의 치아 상태가 엉망인 것은 모두 몰러 박사의 탓이므로 믿을 만한 의사는 비커스피드 박사다.

2 펑크 난 것은 예비 타이어다.

105 **자루에 모래를 담았다.**

모래는 물을 먹으면 더 무거워지기 때문이다.

106

1 다리에 깔린 것은 탁송차와 여기에 실려 있던 승용차들이었다.

2 2월을 제외한 나머지 달 전부

3 집에 가는 길에 술이나 한 잔 하려고 술집에 들렀다가 수다가 길어져 다음 날 아침 6시 43분에야 귀가한 것이다.

4 둘은 자매다.

107

1 사망한 남자는 자동차 수리공이었다.
차 주인이 휴가를 간 동안 차를 고치다가 견인줄이 끊어지는 바람에 차 밑에 깔린 것이다.

2 어머니와 이모가 일란성 쌍둥이였다.

108

1 짐은 전직 축구선수였다. 언론은 현재 팀의 형편없는 실력을 짐이 주장으로 있던 전성기 때와 비교해 보도했다.

2 애초에 정비소를 찾아온 진짜 이유를 까맣게 잊고 있다가 뒤늦게 생각났기 때문이다. 그는 스위치가 고장 나 닫히지 않는 운전석 창문을 고치러 왔었다.

109

1 전자제품 진열장에 있는 TV 화면으로 폭발 장면을 본 것이다.

2 너무 자란 머리카락을 면도기로 밀어버렸다.

3 잉글랜드에 남성 인구가 더 많기 때문이다.

4 2대 1

110

1 이발사는 면도할 필요가 없었다. 시장의 아내이기 때문이다.

2 모든 물질을 녹이는 산이라면 유리병에 담을 수도 없기 때문이다.

111

1 "상어다!"라고 소리쳤다.

2 북풍은 북쪽에서 불어오고, 북로는 북쪽으로 향한다.

112

1 안쪽인 인도

2 찰리는 정원에 잔디를 새로 깔고 있었다.

3 맥레오드와 캠벨이 다리를 건너는 시간이 다르기 때문이다.

4 동생. 나머지는 성별을 확실히 알 수 있다.

5 민키 섬 주민들뿐만 아니라 모두에게 6월 31일은 없는 날이기 때문이다.

6 사람 몸 안의 혈관

113

틀리다. 일 년을 열두 달로 구분한 것은 인간이 정한 임의적인 시간 단위일 뿐이다. 이산화탄소가 증가하고 몇 달 뒤에 기온이 상승하는 것이므로 원인이라 할 수 있다.

114

1 화이트 씨의 유해. 유해만은 고향 묘지에 묻어달라는 것이 그의 유언이었다. 독일 정부는 유골함을 보낼 친족을 찾지 못해 어쩔 수 없이 케임브리지셔로 보냈다.

2 지구 역사상 공룡과 사람이 함께 살았던 시대는 없다. 그러므로 원시인이 공룡에게 잡아먹힐 일도 없었다.

3 그가 말한 펌프는 자신의 심장이다.

115

1 남자는 왼손잡이였다. 그가 다친 날은 토요일이었고 월요일 아침에 평소처럼 출근했다.

2 죽는다. 당신이 세상에 없던 5초 동안 지구는 상당한 거리를 이동했을 것이고 당신이 돌아온 곳은 공기가 없는 우주 한복판이기 때문이다.

116

1 세 짝을 꺼내면 어떻게든 한 쌍은 맞을 것이다. 하지만 사방이 칠흑같이 어두운 상황에서는 어느 것을 신어야 할지 절대 알 수 없다.

2 현관에 번지수를 표시할 숫자 조각을 사고 있었다. 하나에 3달러씩, 4개를 샀으니 총 12달러를 지불했다.

117

1 앤디는 지상근무 직원이었다. 그가 기내에 들어가긴 했지만 업무를 마친 후에 비행기에서 내렸다.

2 효과가 없었다. 상어는 잠을 자는 동안에도 헤엄을 치기 때문이다.

3 5달러. 일행은 할아버지, 아버지, 아들 이렇게 세 사람이었다.

118

1884개는 1883개보다 1개 더 많기 때문이다.

119

1 나일 강

2 북극곰은 북극에만 있기 때문이다.

3 문을 열어서 통과했다.

4 나머지 절반도 모두 여자아이이다.

5 유리구슬이 산산이 부서졌을 뿐이다.

120

남자가 터뜨린 것은 폭탄이 아니라 카메라 플래시였다.
야마모토의 사진을 기념품으로 간직하려고 했다.

121
1 주사위
2 채찍

122 세 번째는 체스말(horse)이었다.

123
1 살아남은 생존자는 땅에 묻지 않는다.
2 달에서 나는 것은 월진(moonquake)이다.

124
1 우주선(spaceship)이 우주를 비행해 달의 바다에 도착한 것이다.
2 생일 케이크에 꽂는 초
3 1개. 하나를 담고 나면 더 이상 빈 가방이 아니다.
4 생선
5 겨우 30분이다. 알람 시계가 저녁 9시에 울렸기 때문이다.
6 아내는 임신 막달이었다. 놀랍게도 남편이 자리를 비운 동안 쌍둥이를 홀로 낳은 것이다.

125 줄피카 칸이 밀수한 것은 당나귀였다.

126
1 아직 죽지 않았기 때문이다.
2 7월 4일은 7월 5일, 7월 6일처럼 당연히 있다.
3 수와 해나는 누군가의 자매지만 서로 자매 사이는 아니다.

127 윈터버텀은 형편없는 전도체(conductor)였기 때문이다.

128

1 "가출했는데, 아직 혼자 길을 건너기가 무서워요!"

2 저녁에 개구리들이 전부 사냥하러 물 밖으로 나올 때까지 기다린다.

129

1 정확히 말하면 거울은 앞뒤를 뒤바꿔서 보여준다.

2 시계의 초침(second hand)이다. 시침, 분침, 초침 순서로 세 번째 손이면서 두 번째(second hand) 손이다.

3 두 남자가 샴쌍둥이였기 때문이다. 판사는 분리수술이 가능한지 의사에게 물어본 것이다.

4 안락의자

5 극지방보다 적도 상공의 공기가 훨씬 더 차갑다. 대기 고도가 가장 높은 시점이라서 기온이 훨씬 낮기 때문이다.

130

중대장은 중대를 이끌지, 대대를 지휘하지 않는다.

131

1 시간

2 원형 뚜껑은 어느 방향으로든 구멍으로 빠지지 않기 때문이다.

132

'그것(it)의 스펠링'이라 했기 때문에 it이 답이다.

133

1 체스 게임의 이야기다.

2 틀니

134

모래시계

135 지휘자의 지휘봉

136 1

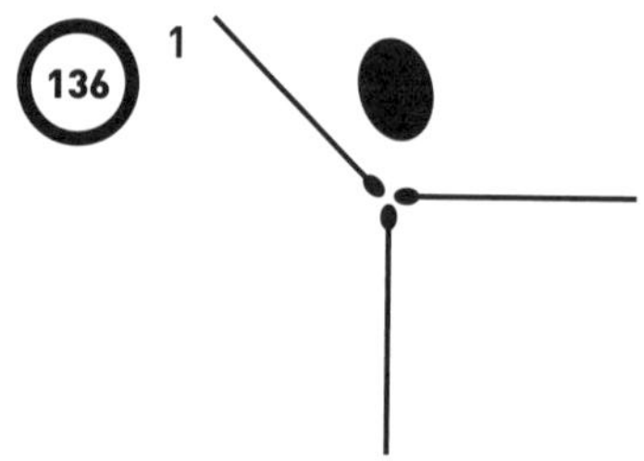

2 첫 번째 달걀을 원 정중앙에 놓는다. 그런 다음 상대방이 달걀을 놓을 때마다 그 달걀이 통과하는 식탁보 지름의 반대쪽 끝 지점에 달걀을 놓는다. 그렇게 하면 마지막 달걀을 놓는 사람이 언제나 내가 된다.

137

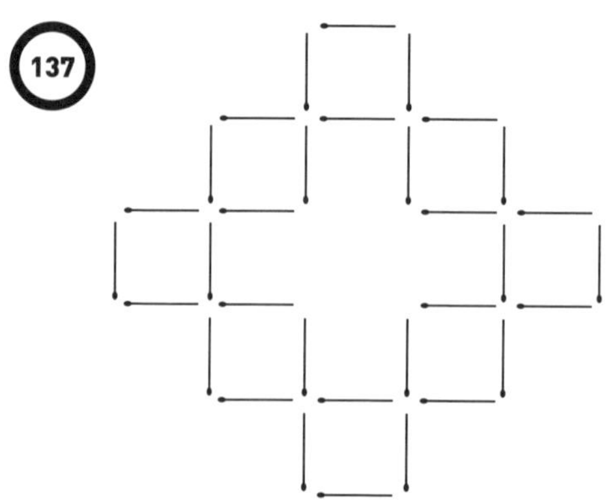

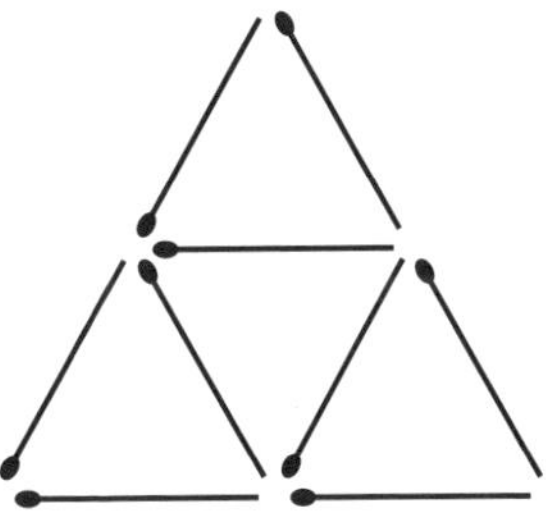

139

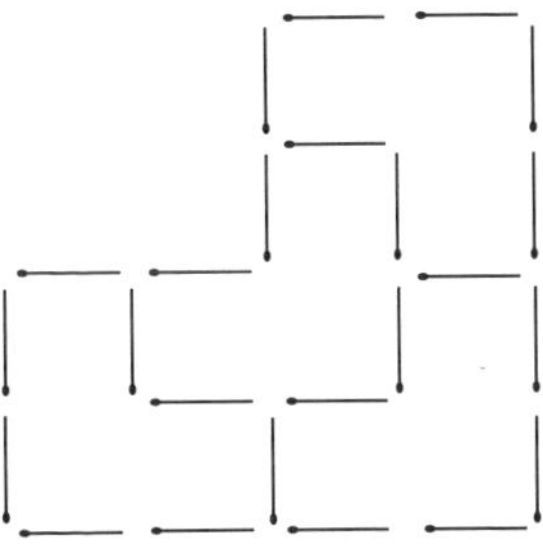

140 A

엽서를 반으로 접고 아래 도안을 참고해 자른다.

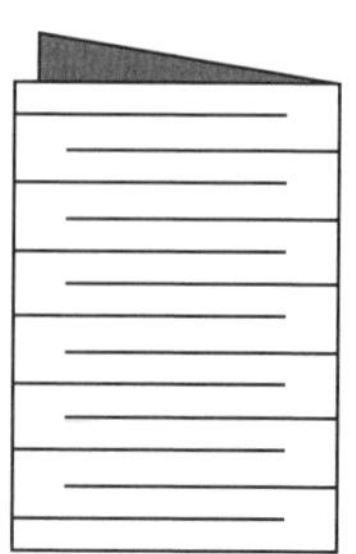

D

1 오른쪽 그림과 같이 입체 피라미드를 만든다.

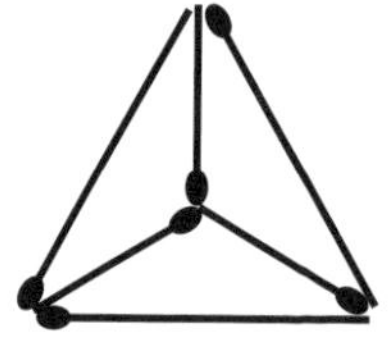

2

3

4

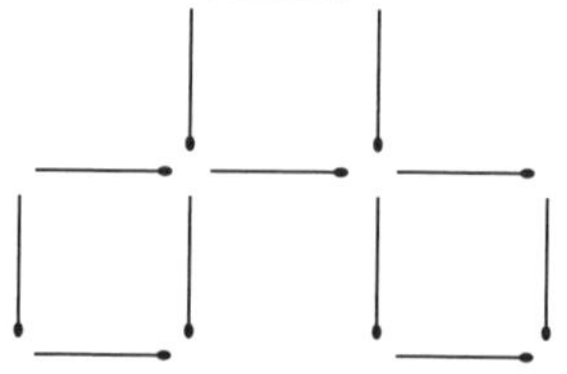

146

1

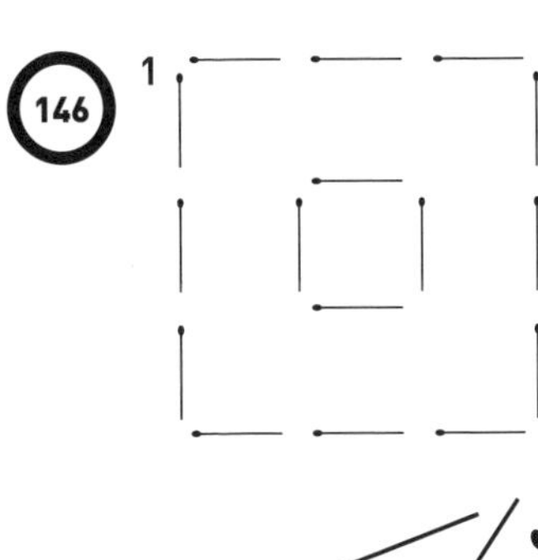

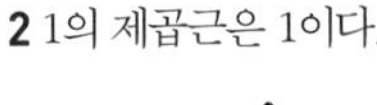

2 1의 제곱근은 1이다.

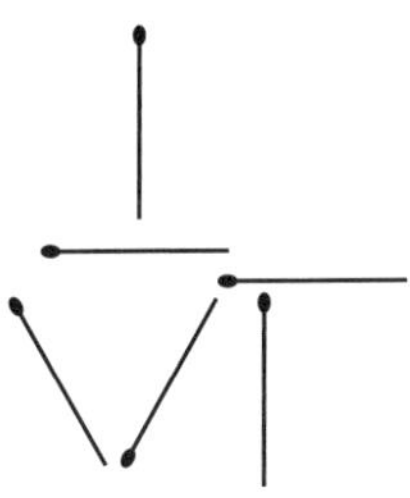

3

147

성냥개비는 그대로 두고 내가 움직이면 된다.
위아래를 뒤집어보면 등식이 성립할 것이다.

148

A

149

1

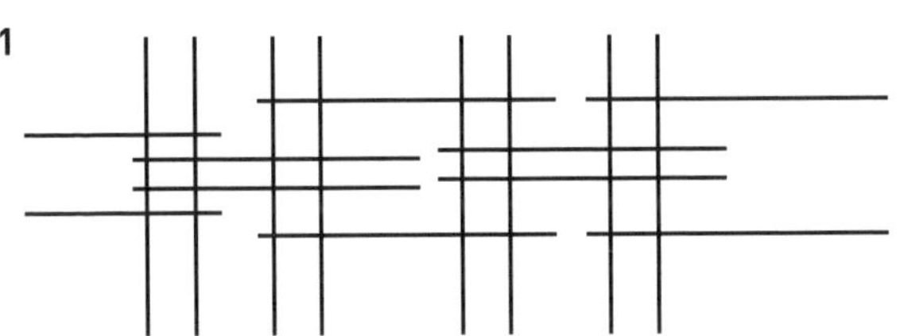

2 속 상자를 약간 밀어내고 여기에 다른 성냥갑을 끼우는 식으로 20개를 차곡차곡 쌓는다. 그러면 한 손으로 들 수 있는 튼튼한 탑이 만들어진다.

3 엄지와 검지로 성냥갑 겉 상자를 잡고 속 상자 쪽을 입술 사이에 끼운다. 상자가 떨어지지 않도록 입으로 숨을 들이마시면서 조심스럽게 전체를 뒤집어놓으면 된다.

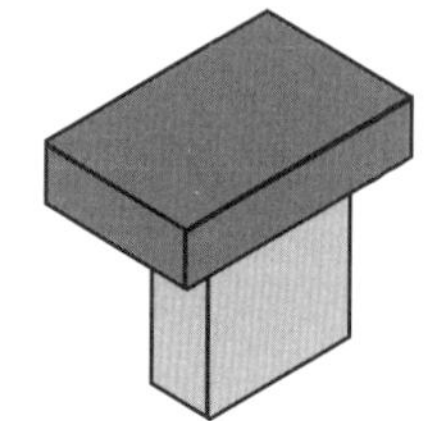

150

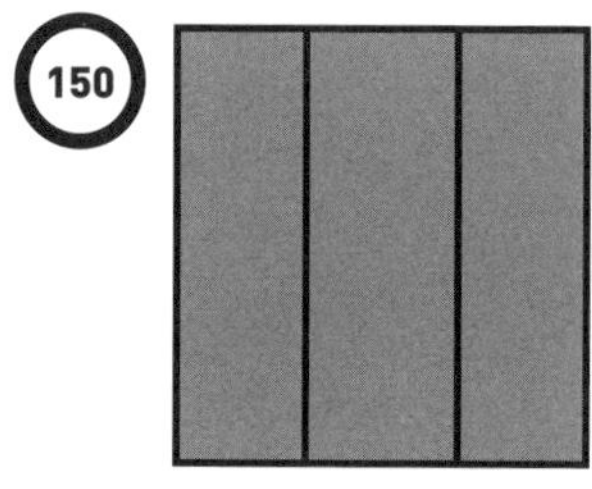

151

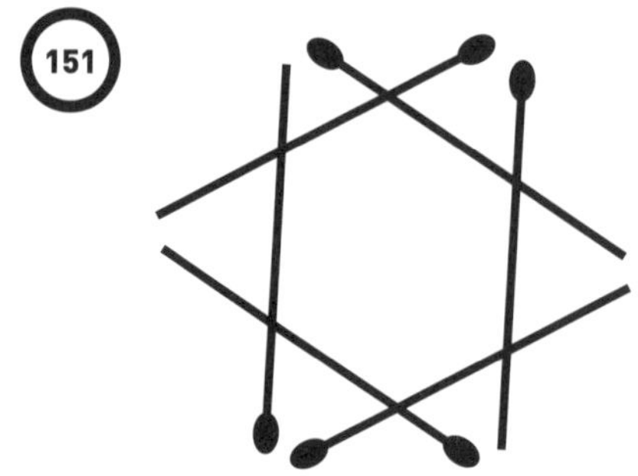

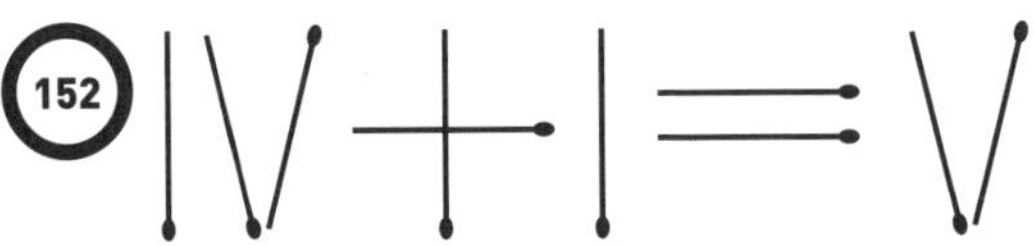

VII - II=V도 정답이다.

D

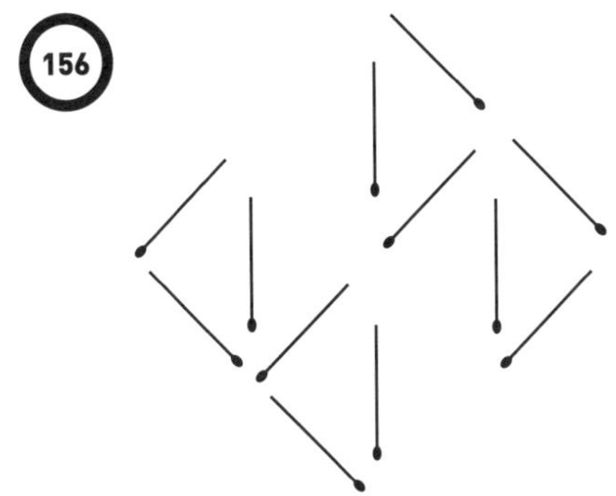

157

a) × + −

b) × × ÷

c) ÷ × +

d) × + −

e) ÷ × ×

158

1 '나누고 싶은 만큼' 나눌 수 있다. 보통 사람들은 14.491297이라고 대답할 것이다.

2 먼저 접착 테이프를 작게 잘라 풍선에 붙이고 그 위에 핀을 꽂는다.

3 팔짱을 낀 상태에서 밧줄의 양쪽 끝을 쥔다. 잡은 것을 숨기기 위해 팔짱을 끼고 있다가 팔짱을 풀면 된다.

159

얼음 상태의 바닷물은 액체일 때보다 염분의 양이 훨씬 적다. 빙하 한 덩이를 녹이면 선원들이 마시기에 충분한 식수가 될 것이다.

160

한 동전을 세게 눌러 고정한 상태에서 세 번째 동전으로 이 동전의 가장자리를 친다. 그 힘은 만질 수 없는 두 번째 동전에 전달된다. 그 동전은 두꺼운 책 한 권이 들어가기에 충분할 만큼 멀리 미끄러질 것이다.

161

1 61번

2 구멍에 물을 부어 공이 물 위로 떠오르게 했다.

162

유리잔이 바로 턱 밑에 오도록 얼굴을 가까이 대고 입으로 숨을 세게 내쉰다. 몇 번만 연습하면 작은 동전이 유리잔에서 튀어나오게 할 수 있다.

163

1위: 존 (68분 22초)
2위: 이반 (68분 27초)
3위: 브루스 (68분 35초)
4위: 페드로 (68분 40초)
5위: 피에르 (68분 53초)

164

1 대략 5인치
보통 레코드판은 정중앙 홈부터 0.5인치 떨어진 지점까지 라벨이 붙어 있다.

2 1600만 마리 이상

165

1 한 번. 46에서 2를 빼면 44가 되므로 더 이상 46이 아니다.

2 모두 함께 가면 표를 3장만 사면 된다.

166

(27 ÷ 9 × 6 + 12) ÷ 3 − 5 = 5

167

(14 × 2 ÷ 7 + 11 − 4) × 6 = 66

168

(3 × 8 ÷ 6 + 7) × 2 − 9 = 13

나는 혹시 천재가 아닐까?

이 책이 준비한 퍼즐들은 모두 재미있게 푸셨는지요? 퍼즐을 풀면서 페이지 번호 옆에 해결, 미해결 표시는 꼼꼼히 해두었겠지요. 여러분의 퍼즐 풀이 능력으로 천재 가능성을 평가해드립니다.

● 해결 문제 1~20개 : 쉬운 문제부터 도전해보세요.

당신은 수학이라면 끔찍이 싫어했고, 시험 때는 객관식 문제는 말할 것도 없고 주관식 문제마저 과감히 찍기를 시도했겠군요. 틀린 문제의 개수가 많다는 사실보다 당신을 더 슬프게 하는 것은 해답을 봐도 전혀 이해가 안 되어 한숨만 나오는 상황입니다. 해결 문제가 1~20개라는 결과는, 수학 실력이 형편없어서가 아니라 아직 문제 해결의 실마리를 못 찾고 있다는 의미입니다. 우선은 조금만 고민하면 의외로 쉽게 풀 수 있는 문제부터 다시 도전해보기 바랍니다.

●해결 문제 21~70개 : 커다란 호기심과 끈기로 똘똘 뭉친 사람이군요.

문제를 풀면서 당신은 손톱을 물어뜯고 있거나, 이마에 땀이 송골송골 맺히

거나, 미간에 주름이 생기고, 머리에서 김이 난다는 착각이 들었을 수도 있습니다. 몸에 이런 반응이 나타났는데도 문제를 계속 풀었다면, 당신은 호기심이 많고 대단한 끈기를 가진 사람입니다.

이 책에는 몇 가지 공통된 유형의 문제가 있습니다. 우선 한 유형씩 실마리를 찾아나가기 바랍니다. 실마리만 찾으면 숫자나 조건이 조금씩 바뀐 문제들은 아주 쉽게 풀 수 있습니다.

● 해결 문제 71~120개 : 당신의 천재성을 더욱 발전시키세요.

당신은 안 풀리는 한 문제 때문에 1시간이고 2시간이고 풀릴 때까지 매달리는 분이군요. 이제 틀린 문제 중심으로 분석해보기 바랍니다. 분명 특정 유형의 문제에 유난히 약한 자신을 발견할 것입니다.

수리력이 뛰어난 당신이라면, 다른 〈멘사 퍼즐 시리즈〉에서도 분명 좋은 결과를 얻을 것입니다. 당신이 가진 능력을 100% 끌어 올릴 수 있는 방법을 찾아보세요.

● 해결 문제 121~168개 : 당신이 바로 50명 중 1명, IQ 상위 2%에 속하는 그분이셨군요.

지금 당장 멘사코리아 홈페이지(www.mensakorea.org)에서 테스트를 신청해 보실 것을 권해드립니다.

지능지수 상위 2%의 영재는 과연 어떤 사람인가?

● 멘사는 천재 집단이 아니다

지능지수 상위 2%인 사람들의 모임 멘사. 멘사는 사람들의 호기심을 끊임없이 불러일으키고 있다. 때때로 매스컴이나 각종 신문과 잡지들이 멘사와 회원을 취재하고, 관심을 둔다. 대중의 관심은 대부분 멘사가 과연 '천재 집단'인가 아닌가에 몰려 있다.

정확히 말하면 멘사는 천재 집단이 아니다. 우리가 흔히 '천재'라는 칭호를 붙일 수 있는 사람은 아마도 수십만 명 중 하나, 혹은 수백만 명 중 첫손에 꼽히는 지적 능력을 가진 사람일 것이다. 그러나 멘사의 가입 기준은 공식적으로 지능지수 상위 2%, 즉 50명 중 한 명으로 되어 있다. 우리나라(남한)의 인구를 약 5,200만 명이라고 한다면 104만 명 정도가 그 기준에 포함될 것이다. 한 나라에 수십만 명의 천재가 있다는 것은 말이 안 된다. 그럼에도 불구하고 멘사를 향한 사람들의 관심은 끊이지 않는다. 멘사 회원 모두가 천재는 아니라 하더라도 멘사 회원 중에 진짜 천재가 있지 않을까 하고 생각한다. 멘사 회원에는 연예인도 있고, 대학 교수도 있고, 명문대 졸업생이나 재학생도 많지만 그렇다고 해서 '세상이 다 알 만한 천재'가 있는 것은 아니다.

지난 시간 동안 멘사코리아는 끊임없이 새로운 회원들을 맞았다. 대부분 10대 후반과 20대 전후의 젊은이들이었다. 수줍음을 타는 조용한 사람들이 많았고 얼핏 보면 평범한 사람들이었다. 물론 조금 사귀어보면 멘사 회원 특유의 공통점을 발견할 수 있다. 무언가 한두 가지씩 몰두하는 취미가 있고, 어떤 부분에 대해서는 무척 깊은 지식이 있으며, 남들과는 조금 다른 생각을 하곤 한다. 하지만 멘사에 세상이 알 만한 천재가 있다고 말하긴 어려울 듯하다.

세상에는 우수한 사람들이 많이 있지만, 누가 과연 최고의 수재인가 천재인가 하는 것은 쉬운 문제가 아니다. 사람들에게는 여러 가지 재능이 있고, 그런 재능을 통해 자신을 드러내 보이는 사람도 많다. 하나의 기준으로 사람의 능력을 평가하여 일렬로 세우는 일은 그다지 현명하지 못하다. 천재의 기준은 시대와 나라에 따라 다르기 때문이다. 다양한 기준에 따른 천재를 한자리에 모두 모을 수는 없다. 그렇다고 강제로 하나의 단체에 묶을 수도 없다. 멘사는 그런 사람들의 모임이 아니다. 하지만 멘사 회원은 지능지수라는 쉽지 않은 기준을 통과한 사람들이란 점은 분명하다.

● 전투 수행 능력을 알아보기 위해 필요했던 지능검사

멘사는 상위 2%에 해당하는 지능지수를 회원 가입 조건으로 하고 있다. 지능지수만으로 어떤 사람의 능력을 절대적으로 평가할 수 없다는 것은 분명하다. 하지만 지능지수가 터무니없는 기준은 아니다.

지능지수의 역사는 100년이 넘어간다. 1869년 골턴(F. Galton)이

처음으로 머리 좋은 정도가 사람에 따라 다르다는 것을 과학적으로 연구하기 시작했다. 1901년에는 위슬러(Wissler)가 감각 변별력을 측정해서 지능의 상대적인 정도를 정해보려 했다. 감각이 예민해서 차이점을 빨리 알아내는 사람은 아마도 머리가 좋을 것이라고 생각했던 것이다. 그러나 그런 감각과 공부를 잘하거나 새로운 지식을 습득하는 능력 사이에는 상관관계가 없다고 밝혀졌다.

1906년 프랑스의 심리학자 비네(Binet)는 최초로 지능검사를 창안했다. 당시 프랑스는 교육 기관을 체계화하여 국가 경쟁력을 키우려고 했다. 그래서 국가가 지원하는 공립학교에서 가르칠 아이들을 선발하기 위해 비네의 지능검사를 사용했다.

이후 발생한 세계대전도 지능검사의 확산에 영향을 주었다. 전쟁에 참여하기 위해 전국에서 모여든 젊은이들에게 단기간의 훈련을 받게 한 후 살인무기인 총과 칼을 나눠주어야 했다. 이때 지능검사는 정신이상자나 정신지체자를 골라내는 데 나름대로 쓸모가 있었다. 미국의 스탠퍼드 대학에서 비네의 지능검사를 가져다가 발전시킨 것이 오늘날 스탠퍼드-비네(Stanford-Binet) 검사이며 전 세계적으로 많이 사용되는 지능검사 중 하나이다.

그리고 터먼(Terman)이 1916년에 처음으로 '지능지수'라는 용어를 만들었다. 우리가 '아이큐'(IQ : Intelligence Quotients)라 부르는 이 단어는 지능을 수치로 만들었다는 뜻인데 개념은 대단히 간단하다. 지능에 높고 낮음이 있다면 수치화하여 비교할 수 있다는 것이다. 평균값이 나오면, 평균값을 중심으로 비슷한 수치를 가진 사람을 묶어볼 수 있다. 한 학교 학생들의 키를 재서 평균을 구했더니 167.5cm가 되었다고 하자. 그리고 5cm 단위로 비슷한 키의 아이들을 묶어보자. 140cm 이하, 140cm 이상에서 145cm 미만, 140cm 이상에서 150cm 미만… 이런 식으로 나눠보면 평균값이 들어 있는 그룹(165cm 이상, 170cm 이하)이 가장 많다는 것을 알 수 있다. 그리고 양쪽 끝(145cm 이하인 사람들과 195cm 이상)은 가장 적거나 아예 없을 수도 있다. 이것을 통계학자들은 '정규분포'(정상적인 통계 분포)라고 부르며, 그래프를 그리면 종 모양처럼 보인다고 해서 '종형 곡선'이라고 한다.

지능지수는 이런 통계적 특성을 거꾸로 만들어낸 것이다. 평균값을 무조건 100으로 정하고 평균보다 머리가 나쁘면 100 이하고, 좋으면 100 이상으로 나누는 것이다. 평균을 50으로 정했어도 상관없었을 것이다. 그렇게 했다고 하더라도 100점이 만점이 될 수는 없다. 사람의 머리가 얼마나 좋은지는 아직도 모르는 일이기 때문이다.

●'지식'이 아닌 '지적 잠재능력'을 측정하는 것이 지능검사

지능검사는 그 사람에게 있는 '지식'을 측정하는 것이 아니다. 지식을 측정하는 것이라면 지능검사가 학교 시험과 다를 바가 없을 것이다. 지능검사는 '지적 능력'을 평가하는 것이다. 지적 능력이란 무엇일까? 기억력(암기력), 계산력, 추리력, 이해력, 언어 능력 등이 모두 지적 능력이다. 지능검사가 측정하려는 것은 실제로는 '지적 능력'이라기보다 '지적 잠재능력'일 것이다.

유명한 지능검사로는 앞서 이야기했던 스탠퍼드-비네 검사 외에도 '웩슬러 검사' '레이븐스 매트릭스'가 있다. 웩슬러 검사는 학교에서 많이 사용하는 것으로 나라별로 개발되어 있으며, 언어 영역과 비언어 영역을 나누어서 측정하도록 되어 있다. 레이븐스 매트릭스는 도형으로만 되어 있는 다지선다식 지필검사인데, 문화나 언어 차이가 없어 국가 간 지능 비교 연구에서 많이 사용되었다. 이외에도 지능검사는 수백 가지가 넘게 존재한다.

지능검사가 과연 객관적인지를 알아보기 위해 결과를 서로 비교하는 연구도 있다. 지능검사들 사이의 연관계수는 0.8 정도이다. 두 가지 지능검사 결과가 동일하게 나온다면 연관계수는 1이 될 것이고, 전혀 상관없이 나온다면 0이 된다. 0.8 이상의 연관계수가 나온다면 비교적 객관적인 검사로 본다. 웩슬러 검사는 표준 편차 15를 사용하고, 레이븐스 매트릭스는 24를 사용한다. 그래서 웩슬러 검사로 115는 레이븐스 매트릭스 검사의 148과 같은 지수이다. 멘사의 입회 기준은 상위 2%이고, 따라서 레이븐스 매트릭스로 148이며, 웩슬러 검사로 130이 기준이다. 학교에서 평가한 지능지수가 130이었다면, 멘사 시험에 도전해볼 만하다.

● 강요된 두뇌 계발은 득보다 실이 더 많다

'지적 능력'은 대체로 나이가 들수록 좋아진다. 어떤 능력은 나이가 들수록 오히려 나빠진다. 하지만 지식이 많고 공부를 많이 한 사람들, 훈련을 많이 한 사람들이 지능검사에서 뛰어난 능력을 보여준다. 그래서 지능지수는 그 사람의 실제 나이를 비교해서 평가하게 되어 있다. 그 사람의 나이와 비교해 현재 발달되어 있는 지적 능력을 측정한 것이 지능지수이다. 우리가 흔히 '신동'이라고 부르는 아이들도 세상에서 가장 우수하다기보다는 '아주 어린 나이에도 불구하고 보여주고 있는 능력이 대단하다'는 의미로 받아들여야 한다. 세 살에 영어책을 줄줄 읽는다든가, 열 살도 안 된 아이가 미적분을 풀었다든가 하는 것도 마찬가지이다.

'지적 잠재능력'은 3세 이전에 거의 결정된다고 본다. 지적 잠재능력이란 지적 능력이 발달하는 속도로 볼 수 있다. 혹은 장차 그 사람이 어느 정도의 '지적 능력'을 지닐 것인가 미루어 평가해보는 것이다. 지능검사에서 측정하려는 것은 '잠재능력'이지 이미 개발된 '지능'이 아니다. 3세 이전에 뇌세포와 신경 구조는 거의 다 만들어지기 때문에 지적 잠재능력은 80% 이상 완성되며, 14세 이후에는 거의 변하지 않는다는 것이 많은 학자들의 의견이다.

조기 교육을 주장하는 사람들은 흔히 3세 이후면 너무 늦다고 한다. 하지만 3세 이전의 유아에게 어떤 자극을 주어 두뇌를 좋게 계발한다는 생각은 아주 잘못된 것이다. 태교에 대한 이야기 중에도 믿기 어려운 것이 너무 많다. 두뇌 생리를 잘 발육하도록 하는 것은 '지적인 자극'이 아니다. 어설픈 두뇌 자극은 오히려 아이에게 심각한 정신적·육체적 손상을 줄 수도 있다. 이 시기에는 '촉진'하기보다는 '보호'하는 것이 훨씬 중요하다. 태아나 유아의 두뇌 발달에 해로운 질병 감염, 오염 물질 노출, 소음이나 지나친 자극에 의한 스트레스로부터 아이를 보호해야 한다.

한때, 젖도 안 뗀 유아에게 플래시 카드(외국어, 도형, 기호 등을 매우 빠른 속도로 보여주며 아이의 잠재 심리에 각인시키는 교육 도구)를 보여주는 교육이 유행했다. 이 카드는 장애를 가지고 있어 정상적인 의사소통이 불가능한 아이들의 교정 치료용으로 개발된 것으로 정상아에게 도움이 되는지 확인된 바 없다. 오히려 교육을 받은 일부 아동들에게는 원형탈모증 같은 부작용이 발생했다. 두뇌 생리 발육의 핵심은 오염되지 않은 공기와 물, 균형 잡힌 식사, 편안한 상태, 부모와의 자연스럽고 기분 좋은 스킨십이다. 강요된 두뇌 계발은 얻는 것보다는 잃는 것이 더 많다.

●왜 많은 신동들이 나이 들면 평범해지는가

지적 능력도 키가 자라나는 것처럼 일정한 속도로 발달하지 않는다. 집중적으로 빨리 자라나는 때가 있다. 아이들은 불과 몇 개월 사이에 키가 10cm 이상 자라기도 한다. 사람들의 지능도 마찬가지다. 아주 어린 나이에 매우 빠른 발전을 보이는 사람이 나이가 들어가며 발달 속도가 느려지기도 한다. 반면, 아주 나이가 들어서 갑자기 지능 발달이 빨라지는 사람도 있다. 신동들은 매우 큰 잠재력을 가진 것이 분명하지만, 빠른 발달이 평생 계속되는 것은 아니다. 나이가 어릴수록 지능 발달 속도는 사람마다 큰 차이를 보이지만, 이 차이는 성인이 되면서 점차 줄어든다. 그렇지만 처음 기대만큼의 성공은 아니어도 지능지수가 높은 아이는 적어도 지적인 활동에 있어서 우수함을 보여준다.

어떤 사람은 지능지수 자체를 불신한다. 그러나 그런 생각은 지나친 것이다. 지적 능력의 발달 속도에는 분명한 차이가 있다. 따라서 지능지수가 높은 아이들에게는 속도감 있는 학습 방법이 효과가 있다. 아이들이 자신의 두뇌 회전 속도와 지능 발달 속도에 잘 맞는 학습 습관을 들이면 자신의 잠재능력을 제대로 계발할 수 있다.

공부 잘하는 학생을 키우는 조건에는 주어진 '잠재능력' 그 자체보다는 그 학생에게 잘 맞는 '학습 습관'이 기여하는 바가 더 크다. 지능지수가 높다는 것은 그만큼 큰 잠재능력이 있다는 의미다. 그런 사람이 자신에게 잘 맞는 학습 습관을 계발하고 몸에 익힌다면 학업에서도 뛰어난 결과를 보일 것이다.

높은 지능지수가 곧 뛰어난 성적을 보장하지 않는다고 해도, 지능지수를 측정할 필요는 있다. 지능지수가 일정한 수준 이상이 되면, 일반인들과는 다른 어려움을 겪는다. 어떻게 생각하면 지능지수가 높다는 것은 지능의 발달 속도, 혹은 생각의 속도가 다른 사람들보다 빠른 것뿐이다. 많은 영재아나 천재들이 단지 지능의 차이만 있음에도 불구하고 성격장애자나 이상성격자로 몰리고 있다. 실제로 그런 편견과 오해 속에 오랫동안 방치하면, 훌륭한 인재가 진짜 괴팍한 사람이 되기도 한다.

지능지수는 20세기 초에 국가 교육 대상자를 뽑고 군대에서 총을 나눠주지 못할 사람을 골라내거나 대포를 맡길 병사를 선택하는 수단이었다. 하지만 지금은 적당한 시기에 영재를 찾아내는 수단이 될 수 있다. 특별한 관리를 통해 영재들의 재능이 사장되는 일을 막을 수 있는 것이다.

●평범한 생활에서 괴로운 영재들

일반적으로 지능지수 상위 2~3%의 아이들을 영재로 분류한다. 영재라고 해서 반드시 특별한 관리를 해주어야 하는 것은 아니다. 아주 특수한 영재임에도 불구하고 평범한 아이들과 잘 어울리고 무난히 자신의 재능을 계발하는 아이도 있다. 하지만 영재들 중 60~70%의 아이들은 어느 정도 나이가 되면, 학교생활이나 교우관계, 인간관계 등에서 다른 사람들이 느끼지 못하는 어려움을 겪는다. 학교생활이 시작되고 집단 수업에 참여하면서 이런 문제에 시달리는 영재아의 비율은 점점 많아진다.

초등학교 입학 전에 특별 관리가 필요한 초고도 지능아(지수 160 이상)는 3만 명 중 한 명도 안 되지만(이론적으로는 3만 1,560명 중 1명), 초등학교만 되어도 고도 지능아(지수 140 이상은 약 260명 중 1명으로 우리나라 한 학년의 아동이 60만 명 정도 된다고 볼 때 2,300명 안팎)는 이미 어려움을 겪고 있다고 보아야 한다.

중학생이 되면 영재아(지수 130 이상으로 약 43명 중 1명) 중 3분의 1인 6,000명 정도가 학교생활에서 고통받고 있다고 보아야 한다. 고등학생이 되면 학교생활에서 어려움을 느끼는 비율은 60%인 8,400명 정도가 될 것이다.

그런데 이것은 확률 문제로 영재아라고 해서 모두 고통을 받는 것은 아니다. 단지 그럴 가능성이 높다는 뜻이다. 예외 없이 영재아가 모두 그랬다면, 이미 개선 방법이 나왔을 것이다. 게다가 여기에 한 가지 문제가 덧붙여지고 있다. 모든 국가 아이들의 평균 지능지수는 해마다 점점 높아진다. '플린'이라는 학자가 수십 년간의 연구로 확인한 결과 선진국과 후진국 모두에서 이런 현상을 찾아볼 수 있다. 영재들의 학교생활 부적응 문제는 20세기 중반까지 전체 학생의 2% 이하인 소수 아이들(우리나라의 경우 매년 1만 명 안팎)의 문제였지만, 아이들의 지능 발달이 빨라지면서 점점 많은 아이들의 문제가 되어가고 있다. 이 아이들의 어려움은 부모와 교사들 사이의 갈등으로 번질 수도 있다. 하지만 해결 방법이 전혀 없는 것은 아니다. 아이들의 지적 잠재능력에 맞는 새로운 교육 방법이 나와야만 하는 이유가 그것이다.

지능지수와 관련하여 학교생활에서 어려움을 겪는 정도가 심한 아이들의 비율과 기준은 대략 다음과 같다.

학년	지능지수	비율(%)	학생 60만 명당(명)
미취학(유치원)	169	0.003	20
초등학교	140	0.4	2,300
중학교	135	1	6,000
고등학교	133	1.4	8,400

미취학 어린이들이나 초등학생들을 위한 영재 교육원은 넘쳐 나지만, 중고등학생을 위한 영재 교육 시설은 별로 없는 현재의 교육 제도가 영재들에게는 큰 도움이 되지 않는 이유가 여기에 있다. 특수 목적고나 과학 영재학교 등은 영재아들이 겪는 문제를 도와주지 못한다. 이런 학교들은 엘리트 양성 기관으로 학교생활에 잘 적응하는 수재들

에게 적합한 학교들이다.

미국의 통계를 보면, 학교생활에서 우수한 성적을 거두는 아이들은 지수 115(상위 15%)에서 125(상위 5%) 사이에 드는 아이들이다. 학계에서는 이런 범위를 최적 지능지수라고 말한다. 이런 아이들은 수치로 보면 대체로 10명 중 하나가 되는데 엘리트 교육 기관은 이런 아이들의 차지가 된다. 물론 이들 사이에서도 치열한 경쟁이 일어나고 있다. 이런 경쟁 속에서 작은 차이가 합격·불합격을 결정한다. 이 경쟁에서 이긴 아이는 지적 능력뿐 아니라, 학습 습관, 집안의 뒷받침, 경쟁에 강한 성격, 성취동기 등 모든 면에서 균형잡힌 아이들이라 할 수 있다.

영재 아이들 중에도 예외적으로 학교생활에 적응했거나 매우 강한 성취동기를 가진 아이들이 엘리트 학교에 입학하기도 한다. 하지만 영재아는 그 이후 학교 적응에 어려움을 겪기도 한다. 기질적으로 영재아는 엘리트 교육 기관의 교육 문화와 충돌할 위험성이 높다. 최적 지능지수를 가진 수재들은 학업을 소화해내는 데 큰 어려움을 느끼지 못하며, 또래 친구들과 어울리는 데에도 어려움이 없다. 물론 이런 아이들도 입시 경쟁에 내몰리고 학교, 교사, 부모로부터 강한 압력을 받으면 고통스러워하지만 그 정도는 비교적 약하며 곧잘 극복해낸다.

영재아는 감수성이 예민한 편이다. 그래서 교사나 학교가 어린 학생들을 다루는 태도에 큰 상처를 받기도 한다. 또한 이들은 어휘력이 뛰어난 편이다. 뛰어난 어휘력이 오히려 영재아 자신을 고립시킬 수 있다. 또래 아이들이 쓰지 않거나 이해하지 못하는 단어를 자꾸 쓰다

보면 반감을 일으킨다. '잘난 체한다' '어른인 척한다' 등의 말을 듣기도 한다. 반대로 교사가 아이들에게 이해하기 쉽도록 이야기하면, 영재아는 오히려 답답해하며 괴로워하기도 한다. 이런 영재아의 태도에 교사는 불편함을 느낀다.

대체로 또래 아이들과 어울릴 수 있는 부분이 학년이 올라갈수록 적어지기 때문에 영재아는 심한 고립감을 느낀다. 자기에게 흥미를 주는 것들은 또래 아이들이 이해하기에는 너무 어렵고, 또래 아이들이 즐기는 것들은 지나치게 유치하고 단순하게 느껴진다. 그렇다고 해서 성인이나 학년이 높은 형, 누나, 오빠, 언니들과 어울리는 것도 자연스럽지 않다. 대체로 영재아는 내성적이고 책이나 특별한 소일거리에 매달리는 경향이 많다. 또 자존심이 강하고 나이에 걸맞지 않은 사회 문제나 인류 평화와 같은 거대 담론에 관심을 보이기도 한다.

지능지수로 상위 2~3%에 속하는 영재들은 오히려 학업 성적이 부진할 수 있다. 미국 통계에 의하면 영재들 중 반 이상이 평균 이하의 성적을 거두는 것으로 나타났다. 나머지 반도 평균 이상이라는 뜻이지 최상위권에 속했다는 뜻은 아니다. 지능지수와 학업 성적은 대체로 비례 관계를 가진다. 즉, 지능지수가 높은 아이들이 성적도 우수하다. 하지만 최적 지능지수(115~125 사이)까지만 그렇다. 오히려 지능지수가 높은 그룹일수록 학업 부진에 빠지는 비율이 높아진다. 이런 현상을 '발산 현상'이라 부른다.

발산 현상은 지능지수에 대한 불신을 일으킨다. 고도 지능아의 경우, 거의 예외 없이 '머리는 좋다는 애가 성적은 왜 그래?'라는 말을 한두 번 이상 듣게 된다. 혹은 지능검사가 잘못되었다는 말도 듣는다.

영재아 혹은 고도 지능아 중에도 높은 학업 성적을 보이는 아이들이 있지만, 그 비율은 그리 많지 않다(대체로 10% 이하).

●영재와 수재의 특성을 모르는 데서 오는 영재 교육의 실패

영재는 실제로 있다. 영재는 조기 교육의 결과로 만들어진 가짜가 아니다. 영재는 평범한 아이들보다 5배에서 10배까지 학습 효율이 높고 배우는 속도가 빠르다. 영재는 제대로 배양하면 국가의 어떤 자원보다도 부가 가치가 크다. 사회는 점점 지식 사회로 가고 있다. 천연자원보다 현재 국가가 가진 생산시설이나 간접자본보다 점점 가치가 많아지는 자원이 지식과 정보다. 영재는 지식과 정보를 처리하는 자질이 많다. 그럼에도 불구하고 각국은 영재 개발에 그다지 성공하지 못하고 있다.

1970년 미국에서 달라스 액버트라는 17세의 영재아가 자살하는 사건이 일어났다. 액버트의 부모는 영리했던 아이가 왜 자살에까지 이르렀는지 사무치는 회한으로 몸서리쳤다. 자신들이 좀 더 아이의 고민에 현명하게 대처했다면 이런 비극을 피할 수 있지 않았을까 생각하며 전문가들을 찾아 나섰다. 그러나 영재아의 사춘기를 도와줄 수 있는 프로그램은 어디에도 없다는 것을 알게 되었다. 액버트의 부모들은 사재를 털어 이 문제에 대한 답을 구하려 했고, 오하이오 주립대학이 협조했다. 10년간의 노력을 토대로 1981년 미국의 유명한 토크쇼인 〈필 도나휴 쇼〉에 출연하여 그동안의 성과를 이야기했다. 프로그램이 방영되자, 미국 전역에서 2만 통의 편지가 쏟아졌다. 많은 영재아의 부모들이 똑같은 문제로 고민해왔던 것이다. 우리나라보다 훨씬 뛰어난 교육 제도가 있을 것이라고 생각되는 미국에서도 영재 교육은 의외로 발달하지 못한 상태였다. 아직도 미국 교육계는 영재 교육에 대한 만족스러운 해답을 내지 못하고 있다.

영재 교육의 실패는 수재와 영재들의 특성이 다르다는 것을 모르는 데서 비롯된다. 평범한 학생들과 수재들은 수업을 함께 받을 수 있지만, 수재와 영재 사이의 거리는 훨씬 더 크다. 그 차이는 그저 참을 만한 수준이 아니다. 생각의 속도가 30%, 50% 정도 다른 경우 빠른 사람이 조금 기다려주면 되지만 200%, 300% 이상 차이가 나면 그건 큰 고통이다. 하지만 영재는 소수에 불과하기 때문에 흔히 '성격이 나쁜' '모난' '자만심이 가득 찬' 아이처럼 보인다.

영재를 월반시킨다고 문제가 해결되지는 않는다. 1~2년 정도 월반시켜봐야 학습 속도가 적당하지도 않을뿐더러, 아무리 영재라도 체구가 작고, 정서적으로는 어린아이에 불과하기 때문에 또 다른 문제가 일어난다.

그렇다고 영재들만을 모아놓는다고 해서 해결되지도 않는다. 같은 영재라도 지수 130 정도의 영재아와 고도 지능아(지수 140 이상), 초고도 지능아(지수 160 이상)는 서로 학습 속도가 다르다. 또 일반 학교나 엘리트 학교에서처럼 경쟁을 통한 학습 유도는 부작용이 너무 크다. 오히려 더 큰 스트레스를 유발하고 학습에 대한 거부감을 강화할 수 있다. 영재아에게 절실히 필요한 교육은 자신들보다 생각하는 속도가 느린 사람들과 어울려 사는 법을 익히는 것이다. 게다가 정서적으로 어린 학생들을 배려할 수 있으면서 지식 수준이 높은 영재아의 호기심에 대응할 수 있는 교사를 구하는 것은 어렵고, 교재를 개발하는 데 드는 비용 역시 막대하다.

● 영재 교육 문제의 해답은 영재아에게 있다

그렇다면 영재 교육은 어떻게 해야만 하는가? 사실 영재 교육 문제의 해답은 영재아에게 있다. 영재들에게는 스스로 진도를 정하고, 학습 목표를 정할 수 있는 자율 학습의 공간을 마련해주어야 한다. 영재들에게는 개인별 학습 진도가 주어져야 하고, 대학 수업처럼 좀 더 폭넓은 학과 선택권이 주어져야 한다. 학과 공부보다는 체력 단련, 대인관계 계발, 예능 훈련에 좀 더 많은 프로그램을 제공해야 한다.

빠른 지적 발달에 비해 상대적으로 미숙한 영재아의 정서 문제를 해결한다면 많은 성과를 기대할 수 있다. 지적 발달과 정서 발달 사이의 속도 차이가 큰 만큼 주변의 또래뿐만 아니라 어른들도 혼란을 느낀다. 영재아가 정서적인 면에서도 좀 더 빨리 성숙해지면, 아이는 자신감을 가지고 지적 능력을 발전시킬 수 있다. 자신이 지적 능력을 발휘할 수 있는 적절한 목표를 발견하면 영재아는 정말 놀라운 능력을 보일 것이다. 외국어 분야는 영재아에게 아주 좋은 도전 목표가 될 수 있다. 뛰어난 외국어 전문가는 많으면 많을수록 좋다. 공정하고 유능한 법관이 될 수도 있을 것이다. 짧은 시간과 제한된 자료를 가지고도 사건을 머릿속에서 재구성하여 증언과 주장의 모순을 찾아내거나, 혹은 일관성이 있는지 판단할 수 있는 법관이 많다면 세상에는 억울한 일이 좀 더 줄어들 것이다. 미술, 음악, 무용, 문학 같은 예술 분야와 다양한 스포츠 분야는 영재들에게 활동할 무대를 넓혀줄 것이다. 창조적인 예술인이나 뛰어난 운동선수가 많을수록 국가에는 이익이 될 것이다.

영재아라 하더라도 학교생활과 친구 관계가 원만한 아이는 얼마든지 있다. 하지만 학년이 올라가고 지적 능력이 급격하게 발달하는 사춘기를 거치면, 자신의 기질이 다른 사람들과는 많이 다르다는 것을 느끼는 시기가 온다. 이러한 때 멘사는 자신과 잘 어울릴 수 있는 새로운 친구들을 만날 수 있는 통로가 될 수 있다. 영재아는 적은 노력으로 지적 능력을 키워갈 수 있다. 그렇지만 지적 능력을 계발하는 과정이 마냥 즐겁고 재미있을 수는 없다. 친구들과 함께라면 어려운 일도 이겨낼 수 있지만, 혼자 하는 연습은 고통스럽고 지루한 법이다.

지형범

멘사코리아

주소: 서울시 서초구 언남9길 7-11, 5층(제마트빌딩)

전화: 02-6341-3177

E-mail: admin@mensakorea.org

멘사 탐구력 퍼즐

IQ 148을 위한

1판 1쇄 펴낸 날 2017년 2월 20일
1판 2쇄 펴낸 날 2020년 4월 25일

지은이 | 로버트 앨런
옮긴이 | 최가영

펴낸이 | 박윤태
펴낸곳 | 보누스
등 록 | 2001년 8월 17일 제313-2002-179호
주 소 | 서울시 마포구 동교로12안길 31 보누스 4층
전 화 | 02-333-3114
팩 스 | 02-3143-3254
E-mail | bonus@bonusbook.co.kr

ISBN 978-89-6494-281-9 04410

*이 책은 《멘사 위트 퍼즐》의 개정판입니다.

• 책값은 뒤표지에 있습니다.
• 이 도서의 국립중앙도서관 출판예정도서목록(CIP)은 서지정보유통지원시스템 홈페이지 (http://seoji.nl.go.kr)와 국가자료공동목록시스템(http://www.nl.go.kr/kolisnet)에서 이용하실 수 있습니다. (CIP제어번호: CIP2017003230)

내 안에 잠든
천재성을 깨워라!

대한민국 2%를 위한
두뇌유희 퍼즐

★★★ 멘사코리아 감수

멘사 아이큐 테스트
해럴드 게일 외 지음 | 7,900원

멘사 아이큐 테스트 실전편
조세핀 풀턴 지음 | 8,900원

멘사 추리 퍼즐 1
데이브 채턴 외 지음 | 7,900원

멘사 추리 퍼즐 2
폴 슬론 외 지음 | 7,900원

멘사 추리 퍼즐 3
폴 슬론 외 지음 | 7,900원

멘사 추리 퍼즐 4
폴 슬론 외 지음 | 7,900원

멘사 탐구력 퍼즐
로버트 앨런 지음 | 7,900원

멘사코리아 논리 퍼즐
멘사코리아 퍼즐위원회 지음 | 7,900원

멘사코리아 수학 퍼즐
멘사코리아 퍼즐위원회 지음 | 7,900원